D. Scheidegger   L. J. Drop

Ionisiertes Kalzium

Seine Messungen und seine kardiovaskulären Auswirkungen

Mit 30 Abbildungen und 3 Tabellen

Spinger-Verlag
Berlin Heidelberg New York Tokyo 1984

Priv.-Doz. Dr. med. Daniel Scheidegger
Departement Anaesthesie der Universität, Kantonsspital Basel,
CH-4031 Basel

Prof. Dr. Lambertus J. Drop
Department of Anesthesia, Massachusetts General Hospital,
Boston, MA, USA

ISBN-13: 978-3-540-13567-8   e-ISBN-13: 978-3-642-69840-8
DOI: 10.1007/978-3-642-69840-8

CIP-Kurztitelaufnahme der Deutschen Bibliothek

Scheidegger, Daniel: Ionisiertes Kalzium: seine Messungen u. seine kardio-
vaskulären Auswirkungen / D. Scheidegger: L. J. Drop. – Berlin; Heidelberg;
New York; Tokyo: Springer, 1984
(Anaesthesiologie und Intensivmedizin; 163)
NE: Drop, Lambertus J.:; GT

Satz: Elsner & Behrens GmbH, Oftersheim
Druck und Bindearbeiten: Offsetdruckerei Julius Beltz KG, Hemsbach
2119/3140-543210

163

Anaesthesiologie und Intensivmedizin
Anaesthesiology
and Intensive Care Medicine

vormals „Anaesthesiologie und Wiederbelebung"
begründet von R. Frey, F. Kern und O. Mayrhofer

Herausgeber:
H. Bergmann · Linz (Schriftleiter)
J. B. Brückner · Berlin   M. Gemperle · Genève
W. F. Henschel · Bremen   O. Mayrhofer · Wien
K. Meßmer · Heidelberg   K. Peter · München

Im Andenken an unseren Freund und Vorgesetzten

Prof. M. B. Laver

Ohne ihn wäre diese Arbeit nie möglich gewesen.
Sowohl als Mensch, wie auch als Kliniker und Wissenschaftler
wird er immer unser großes Vorbild bleiben.

Vorwort

Kalzium hat in der Physiologie eine Schlüsselstellung und ist lebenswichtig, es hat eine stabilisierende Wirkung auf erregbare Membrane, einen direkten Einfluß auf die Membrandurchlässigkeit für Natrium und Kalium. Es steuert die Koppelung zwischen den elektrischen Ereignissen an der Zellmembran und der kontraktilen Funktion der Muskelzelle. Kalziumionen haben zudem eine direkte Wirkung auf die Sekretion von Katecholaminen, Insulin und Vasopressin. Sie beeinflussen ebenfalls direkt die Gefäßpermeabilität, die Effekte verschiedener Medikamente auf die Kontraktilität des Herzens und die Regulation des peripheren Gefäßtonus. Mehrere Enzymsysteme können nur in Anwesenheit von Kalziumionen aktiviert werden.

Daniel Scheidegger und Lambertus J. Drop, beide Schüler von Professor M. B. Laver, haben mit dem vorliegenden Buch einen großen Beitrag geleistet zur Klarifizierung dieser für die Klinik so wichtigen Zusammenhänge.

Sie haben dazu interessante und schwierige Experimente durchgeführt und sie mit großer Sorgfalt analysiert. Die größte Qualität dieser Arbeit, im Sinne und Geiste M. B. Laver's ausgeführt, liegt in der wissenschaftlichen Genauigkeit und Ehrlichkeit, sowie in der Klarheit der darausgezogenen Schlußfolgerungen.

Genf, im Mai 1984   Prof. Dr. M. Gemperle

Inhaltsverzeichnis

Einleitung

Kalziumionen sind aus mehreren Gründen absolut lebenswichtig.

Erstens stabilisieren sie das Ruhepotential erregbarer Membranen, indem sie die Dauer und Geschwindigkeit des Natrium- und Kaliumaustausches durch die Zellmembran kontrollieren [35, 152, 208].

Bei erniedrigten extrazellulären Kalziumwerten nimmt die Membrandurchlässigkeit für Natrium und Kalium zu, was zu einer neuromuskulären Übererregbarkeit führt.

Zweitens ist Kalzium der wichtigste Koppler zwischen den elektrischen Ereignissen an der Zellmembran und den kontraktilen Elementen in der Muskulatur [79, 160, 161].

Kalzium hat also 2 entgegengesetzte Wirkungsmechanismen bei einer Muskelkontraktion. Auf der einen Seite hemmt es sie (Membrandurchlässigkeit), und auf der anderen Seite macht es sie möglich (Exzitation – Kontraktion).

Kalzium wird ebenfalls als Koppler zwischen Stimulation und Sekretion in verschiedenen Drüsengeweben benötigt. Ohne daß Kalzium vorhanden ist, können verschiedene Hormone und exokrine Sekrete, wie z. B. Katecholamine [64, 104, 224], Insulin [61, 233, 272] oder Vasopressin [85, 233, 235], nicht ausgeschüttet werden.

Die Gefäßpermeabilität [41, 208] und der Zusammenhalt von Zellverbänden [226] wird durch Kalziumionen gewährleistet. Eine Hypokalzämie führt zur Lockerung der Zelladhäsionen [41, 226] und zur interstitiellen Ödemformation [208].

Verschiedene Medikamente und Interventionen, die die Kontraktilität des Herzens und die Regulation des peripheren Gefäßsystems beeinflussen, wie z. B. Katecholamine [85, 203, 293], Digitalis [85, 107, 143, 163, 253, 265, 293], Kinidin [203], Pentobarbital [205], Hyperosmolalität [149, 293], oder paarige elektrische Stimulation [188, 294], wirken nur, wenn gleichzeitig ionisiertes Kalzium vorhanden ist.

Viele Enzymsysteme können nur in Anwesenheit von Kalziumionen aktiviert werden [145].

Für eine normale Blutgerinnung ist Kalzium nötig [283].

Pribram [220] hat 1871 als erster erkannt, daß Kalzium im zirkulierenden Blut vorhanden ist. Die Kalziumionen im Blut sind der Teil des extrazellulären Kalziums, der am raschesten für zelluläre Vorgänge zur Verfügung steht. Die Kalziumionenkonzentration im Blut (Ca^{2+}-Konzentration) gehört zu den am engsten regulierten physiologischen Konstanten in der Natur [186].

Diese genaue Regulierung der extrazellulären Ca^{2+}-Konzentration ist speziell wichtig für den Herzmuskel, der sehr stark vom extrazellulären Kalzium für seine Exzitation-Kontraktions-Mechanismen abhängig ist [79, 224]. Die intrazellulären Kalziumspeicher haben eine sehr begrenzte Kapazität und müssen mit extrazellulärem Kalzium aufgefüllt werden. Herzinsuffizienz und Zellnekrosen des Myokards wurden nicht nur bei Hypokalzämie [62, 119], sondern auch bei Hyperkalzämie beschrieben [62, 87, 164].

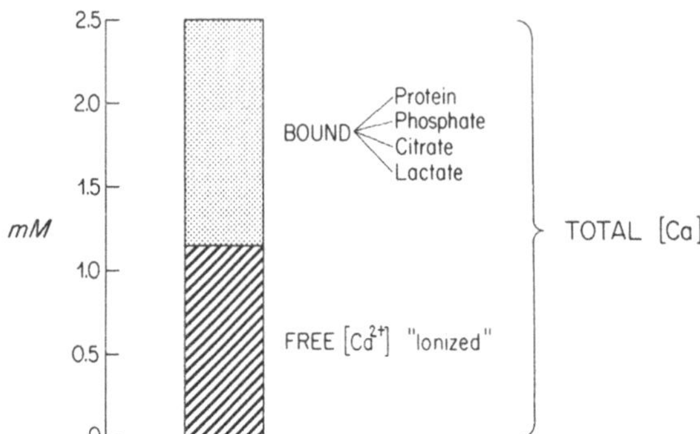

Abb. 1. Die verschiedenen physikalisch-chemischen Formen von Kalzium und ihre Normalkonzentrationen. Etwa 50% des totalen Kalziums liegt in der ionisierten,, d. h. in der physiologisch aktiven Form vor

Kalzium ist in 2 verschiedenen physikalisch-chemischen Formen im Blut vorhanden, wie dies von Rona u. Takahashi [230] 1911 beschrieben wurde. Mit den Labormethoden, die zur Jahrhundertwende zur Verfügung standen, fanden sie einen diffusionsfähigen und einen nicht diffusionsfähigen Anteil von Kalzium.

1926 führte Greenwald [105] den Begriff „ionisiert" ein, zur Unterscheidung von der gebundenen Form, wobei beide diffusionsfähig waren. Erst die Pionierarbeit von McLean u. Hastings [185–187] hat die wirklichen Unterschiede zwischen der gebundenen und freien Form gezeigt (Abb. 1). Diese Unterscheidung ist von größtem physiologischem Interesse, da nur das ungebundene, freie (ionisierte) Kalzium physiologisch aktiv ist, wie dies 1934 von McLean u. Hastings [185] in ihrem klassischen Froschherzexperiment dargestellt wurde.

Sie haben beobachtet, daß nicht einfach Kalzium als solches für die Herzmuskelkontraktion von Bedeutung ist, sondern nur sein ionisierter Anteil.

Enthielt die Perfusionslösung Kalzium in der freien, ionisierten Form, blieb die Herzmuskelkontraktion erhalten. Wurde aber Kalzium in gebundener Form (z. B. an Zitrat) der Perfusionslösung zugegeben, nahm die Kontraktion sofort ab, um schließlich ganz aufzuhören. 1968 haben Potts et al. [219] gezeigt, daß eine EDTA-Infusion (EDTA bindet Kalzium) zu einer Erhöhung der Parathormonausschüttung führt, während EDTA zusammen mit Kalzium diese Wirkung nicht zeigte. Auf diese Weise konnte erneut bewiesen werden, daß nur das freie Kalzium der physiologisch aktive Teil ist.

Vor kurzem haben Bristow et al. [27] diese Ergebnisse bestätigt, indem sie bei Hunden gleichzeitig Kalziumgluconat und Natriumzitrat infundiert haben und anhand des Wertes von dp/dt feststellen konnten, daß trotz des Anstieges des totalen Kalziums die Herzkontraktilität im gleichen Ausmaß wie der ionisierte Anteil des Kalziums abnahm (Abb. 2). McLean u. Hastings [185] zeigten, daß die Amplitude der Kontraktion des Herzens innerhalb gewisser Grenzwerte proportional zur Ca^{2+}-Konzentration in der Perfusionslösung ist. Diese Autoren entwickelten ein Nomogramm, das während fast 50 Jahren die einzige Art war, um das ionisierte Kalzium in der Klinik zu bestimmen. Mit Hilfe dieses Nomogramms kann die Menge des ionisierten Kalziums abgelesen werden, wenn die Konzentrationen an totalem Kalzium und der Proteine bekannt sind und wenn der pH-Wert 7,35 und das Verhältnis Albumin zu Globulin 1,8 beträgt (Abb. 3).

Abb. 2. Das ionisierte Kalzium ist der physiologisch aktive Teil. Während einer gleichzeitigen Infusion von Kalziumgluconat und Natriumzitrat steigt die Konzentration des totalen Kalziums beim Hund an, während die des ionisierten abfällt. Der Abfall der Konzentration des ionisierten Kalziums bewirkt auch einen Abfall von dp/dt_{max} im linken Ventrikel (*peak LV dp/dt*). (Aus Bristow et al. [27])

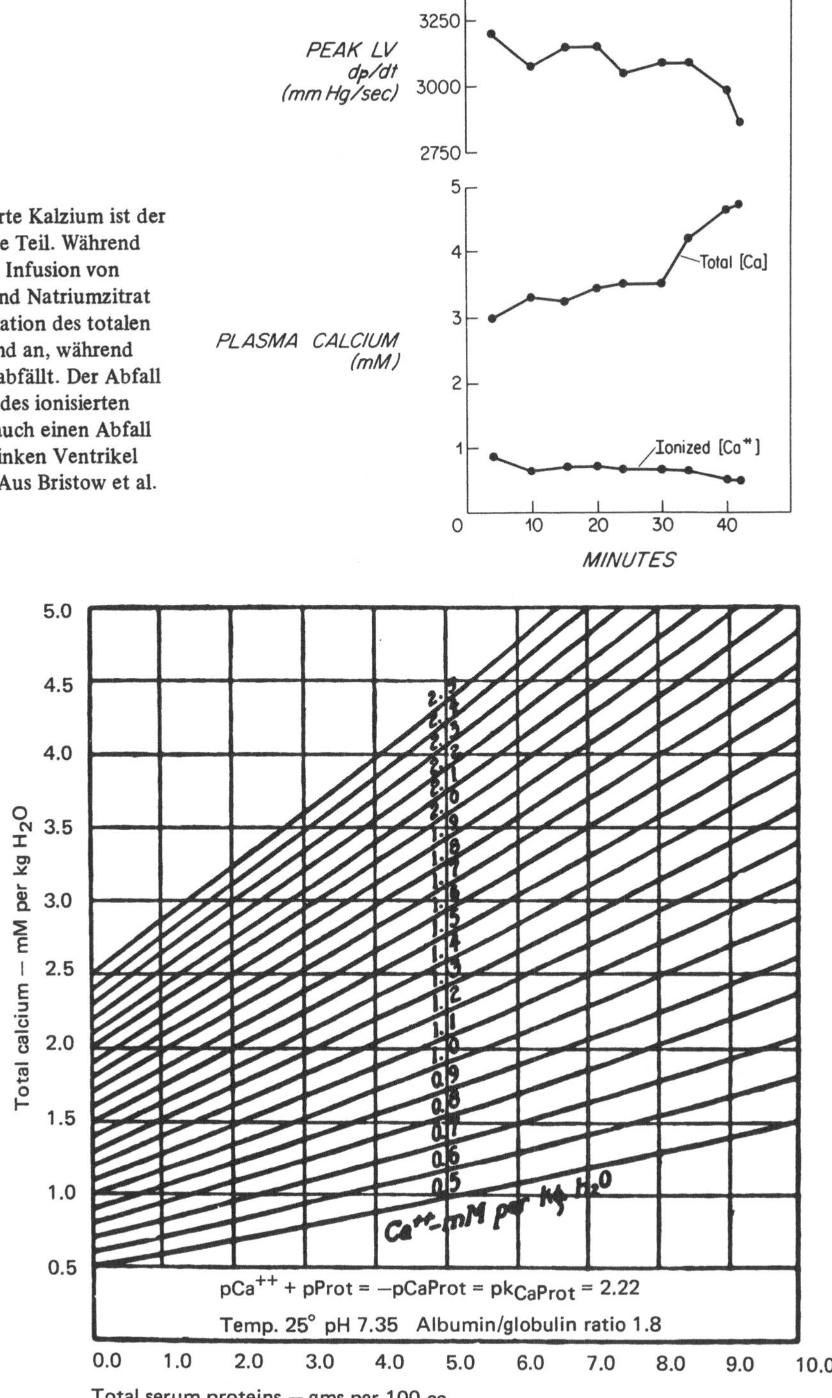

Abb. 3. Das McLean-Hastings-Nomogramm. Neben der Konzentration an totalem Kalzium muß auch der Proteingehalt im Serum bekannt sein. (Von McLean u. Hastings [185])

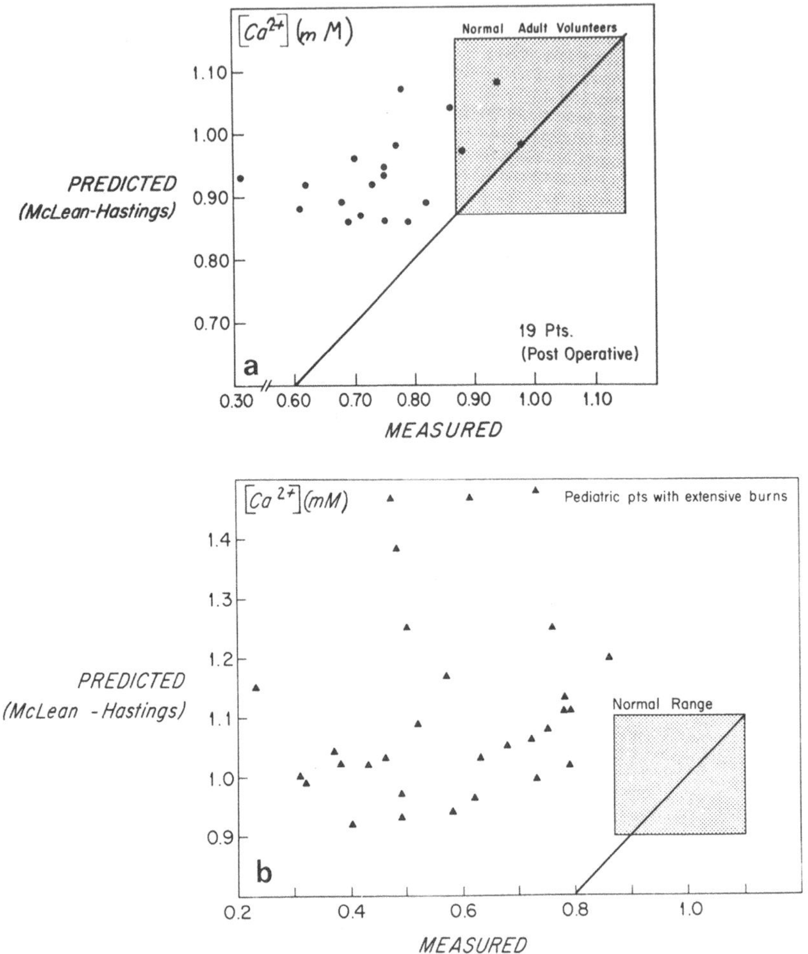

Abb 4a, b. 2 verschiedene Patientengruppen, die zeigen, wie tief die Konzentration des ionisierten Kalziums im Blut abfallen kann und wie schwierig es ist, den effektiven Gehalt an freiem Kalzium mit dem McLean-Hastings-Nomogramm zu bestimmen. a 19 Patienten, gemessen nach größeren abdominellen Eingriffen im Aufwachraum, b Kinder mit ausgedehnten Verbrennungen (Messungen, vorgenommen im Shriners Burns Institute, Boston)

Nachdem McLean u. Hastings gezeigt haben, daß nur das freie Kalzium physiologisch aktiv ist, wurde intensiv nach einer Methode gesucht, mit der dieser Anteil direkt gemessen werden kann.

Wie wir jetzt wissen, war die Entwicklung der Kalziumelektrode aus 2 Gründen wichtig. Erstens hat sich herausgestellt, daß viele Veränderungen im Kalziumgleichgewicht anhand des totalen Kalziums gar nicht festzustellen sind [34, 65, 88, 155, 157, 198]. Und zweitens sahen wir, daß je nach Krankheit sehr große Unterschiede zwischen dem direkt gemessenen und dem mittels Nomogramm vorausgesagten ionisierten Kalzium bestehen können (Abb. 4) [8, 30, 65, 88, 155, 156, 157, 198, 222].

Es wurde aus all diesen Gründen eine Möglichkeit der Bestimmung des ionisierten Kalziums gesucht, die klinisch leicht anwendbar, genau und gut reproduzierbar ist.

Das kalziumselektive Elektrodensystem

Die Ionenselektivität der Kalziumelektrode

Die Kalziumelektrode ist nicht ionenspezifisch, sondern nur ionenselektiv. Deshalb schränkt das Vorhandensein anderer Kationen die Empfindlichkeit dieser Elektrode gegenüber den Kalziumionen ein.

Das Ausmaß, mit welchem die Elektrodenpotentiale einem bestimmten Ion entsprechen und mit dem sie ein anderes vernachlässigen, wird durch die Selektivitätskonstante ausgedrückt.

Wenn die Selektivitätskonstante für andere Kationen als Kalzium sehr hoch ist, bedeutet dies, daß die Reaktion dieser Ionen an der Elektrode nur einen sehr unbedeutenden Einfluß auf die Bestimmung des ionisierten Kalziums ausübt [198]. Die Selektivitätskonstante für Natrium z. B. liegt bei 10^4. Folglich bevorzugt die Elektrode Kalziumionen vor den Natriumionen um den Faktor 10^4. Der tatsächliche Fehler, der durch störende Ionen hervorgerufen wird, ist aber nicht nur abhängig von der Selektivitätskonstante der Elektrode, sondern auch von der Aktivität dieser Ionen. Das Ausmaß des Fehlers kann also durch folgende Gleichung ausgedrückt werden:

$$\text{Fehler} = C \cdot \frac{A_{I^+}}{A_{Ca^{2+}}},$$

wobei C die Selektivitätskonstante, A die Aktivität der störenden Kationen (I^+) und der Kalziumionen (Ca^{2+}) bedeuten.

4 der im Plasma physiologischerweise vorhandenen Kationen (Wasserstoff-, Natrium-, Kalium- und Magnesiumionen) sind von Bedeutung durch ihr Interferenzpotential.

Wasserstoffionen

Moore u. Ross [199] haben gezeigt, daß die Beeinträchtigung der Messung der Ca^{2+}-Konzentration durch Wasserstoffionen in wäßriger Natriumchloridlösung im pH-Bereich von 5,5−11 vernachlässigbar ist. Liegt der pH-Wert jedoch unter 5,5, so reagiert die Elektrode nicht mehr ausschließlich auf die Aktivität der Kalziumionen, sondern zusätzlich auf jene der Wasserstoffionen. Im Gegensatz zum unwesentlichen Einfluß des pH im Bereich von 5,5−11 auf die gemessene Ca^{2+}-Konzentration in wäßriger Lösung stehen die deutlichen Abweichungen der Aktivität von Kalziumionen, nach Veränderung des pH innerhalb des physiologischen Bereiches in proteinhaltigen Lösungen (Vollblut, Plasma und Serum). Bei einer Veränderung des pH-Wertes um 0,4 (d. h. z. B. von 7,6 auf 7,2) verschiebt sich die gemessene Ca^{2+}-Konzentra-

tion im Plasma oder Serum um ungefähr 0,2 mmol/l (Abb. 6) [70, 171, 181]. Der Grund
für diese pH-Wirkung beruht nicht auf einer Interferenz per se, sondern vermutlich auf einer
Abweichung der Affinität von Plasmaproteinen gegenüber Kalziumionen, wie dies noch weiter
unten beschrieben wird.

Natriumionen

Obwohl die Selektivitätskonstante der Kalziumelektrode gegenüber Natriumionen hoch ist
[198] (d. h. die Kalziumelektrode reagiert auf Kalziumionen ganz bedeutend stärker als auf
Natriumionen), verursacht Natrium eine Interferenz bei der Bestimmung von Kalzium. Dies
liegt daran, daß die Konzentration der Natriumionen im Extrazellulärraum 100- bis 200mal
größer ist als diejenige der Kalziumionen. Um die durch Natriumionen verursachte Interferenz
auszugleichen, werden den Eichlösungen Natriumionen (als Natriumchlorid) bis zu einer End-
konzentration von 150 mmol/l zugegeben. Ladenson u. Bowers [154] haben gezeigt, daß ohne
diese Maßnahme Schwankungen des Serumnatriums um 30 mmol/l bereits zu einem Meßfehler
der Aktivität der Kalziumionen von 2% führen.
    Dadurch, daß den wäßrigen Eichlösungen Natriumionen zugefügt werden, wird in diesen
Lösungen eine Ionenstärke erreicht, die derjenigen von Serum und Plasma sehr ähnlich ist.
Dies ist sehr wichtig zur Vermeidung eines Diffusionspotentials, das dann verursacht wird,
wenn ein großer Unterschied in der Ionenaktivität zwischen der zu analysierenden Probe und
der Standardlösung, die hintereinander durch die Elektrode fließen, besteht. Die Stärke dieses
Diffusionspotentials kann praktisch nicht vorausberechnet oder gemessen werden.

Kaliumionen

Die Selektivitätskonstante der Kalziumelektrode für Kaliumionen beträgt 10^4. Da die Kalium-
ionenkonzentration im Serum gering ist, kann eine durch Kalium hervorgerufene Interferenz
bei der Bestimmung der Ca^{2+}-Konzentration vernachlässigt werden.

Magnesiumionen

Da die Selektivitätskonstante für zweiwertige Ionen bei 10^2 liegt und die normale Konzentration der Magnesiumionen im Serum niedrig ist, wurde der Fehler bei der Messung der
Ca^{2+}-Konzentration durch eine Magnesiuminterferenz auf etwa 1% geschätzt [181]. Stark
erhöhte Magnesiumionenkonzentrationen, wie sie bei Patienten auftreten können, die wegen
Magen- oder Duodenalulzera hochdosiert mit magnesiumhydroxidhaltigen Antazida behandelt
werden, führen zu falsch niedrigen Resultaten bei der Bestimmung der Ca^{2+}-Konzentration.

Anionen

Von Anionen, wie Phosphat, Bikarbonat und Laktat, muß man erwarten, daß sie die Ca^{2+}-
Konzentration durch die Bildung von Komplexen oder Ionenpaaren verringern. Sind diese

Anionen bei einem Patienten abnorm hoch, wird die Ca^{2+}-Konzentration im zirkulierenden Blut erniedrigt, was mit Hilfe der Elektrode klar gezeigt werden konnte.

Ionenaktivität oder Ionenkonzentration

Die Kalziumelektrode reagiert auf die Aktivität der Ionen.

Die Meßergebnisse der Elektrode werden aber als Konzentrationen angegeben. Die Blut- oder Serumprobe wird dabei mit einer Standardlösung von bekanner Zusammensetzung (mmol/l) verglichen.

Normalwert der Konzentration des ionisierten Kalziums

Es war von grundlegender Bedeutung, daß die Ca^{2+}-Konzentration bei einer großen Anzahl von gesunden Freiwilligen gemessen wurde, um den Normalwert für ionisiertes Kalzium zu definieren. Die Resultate von Patienten können ja erst dann interpretiert werden, wenn dieser Normalwert bekannt ist. Leider hat diese normale Ca^{2+}-Konzentration in der Vergangenheit zu vielen Diskussionen Anlaß gegeben, da Normalwerte von 0,96–1,47 mmol/l angeboten wurden. Wie aus Tabelle 1 hervorgeht, sind daran v. a. verschiedene Laborbestimmungsmethoden schuld.

Aber selbst bei der Verwendung eines Elektrodensystems sind noch Variationen von annährend 30% beschrieben worden. Die verschiedenen Autoren benützen jedoch nicht nur verschiedene Methoden bei einer Blutentnahme, sondern auch ihre Untersuchungsprotokolle und die Handhabung des Elektrodensystems waren sehr unterschiedlich.

Wie weiter unten gezeigt wird, können diese Unterschiede verantwortlich für die große Variation des Normalwertes sein. Eine Untersuchung im Acute Care Laboratory des Massachusetts General Hospital (MGH) in Boston an 100 Freiwilligen [70] hat gezeigt, daß die Konzentration des ionisierten Kalziums in sehr engen Grenzen konstant gehalten wird ($[Ca^{2+}]$ = 1,12 ± 0,02 mmol/l), wie dies bereits von McLean u. Hastings [185] postuliert wurde. Zur Kontrolle dieses Resultates wurde im gleichen Laboratorium mit derselben Meßanordnung 4 Jahre später die Untersuchung wiederholt und erneut eine Konzentration an ionisiertem Kalzium von 1,12 ± 0,02 mmol/l gefunden [70, 72].

Faktoren, die die gemessene Konzentration des ionisierten Kalziums beeinflussen

Es gibt verschiedene Faktoren, die die mittels Elektrode bestimmte Ca^{2+}-Konzentration beeinflussen können. Für die Interpretation der an Patienten gemessenen Konzentration an ionisiertem Kalzium ist die Kenntnis einiger dieser Faktoren unerläßlich. Sie können grob in 2 verschiedene Kategorien eingeteilt werden. In der ersten Kategorie sind jene, die einen direkten Einfluß auf das Verhalten der Elektrode ausüben. Die zweite Gruppe von Faktoren, die die Messung der Konzentration des ionisierten Kalziums beeinflussen, sind jene, die mit dem Medium zu tun haben, in dem die Bestimmung der Ca^{2+}-Konzentration durchgeführt wird.

Tabelle 1. Normalwerte der Konzentration des ionisierten Kalziums beim Menschen

Autoren	n	Konzentration des ionisierten Kalziums (mmol/l)	Konzentration des gesamten Kalziums (mmol/l)	Bemerkungen
Untersuchungen am Froschherz				
McLean u. Hastings [185]	10	1,25 ± 0,07	2,48 ± 0,34	
Morison et al. [201]	12	1,16 ± 0,12	2,80 ± 0,18	
Kolorimetrische Messungen				
Cham [40]	18	1,10 ± 0,05	2,67 ± 0,06	Plasma
Fanconi [81]	7	1,47 ± 0,22	2,36 ± 0,28	Plasma
Lerne et al. [168]	17	1,06 ± 0,04		Serum, Vergleichsstudie mit Elektrode
Lumb [178]	10	1,46 ± 0,14	2,43 ± 0,26	Plasma
Pedersen [214]	32	1,13 ± 0,03	2,32 ± 0,08	Ultrafiltrat
Putman [221]	12	1,10 ± 0,07	2,39 ± 0,10	Ultrafiltrat
Messungen mit der Elektrode				
Drop et al. [70]	100	1,12 ± 0,02	2,32 ± 0,03	Vollblut, 37 °C
Ladenson u. Bowers [154]	86	1,27 ± 0,05	2,42 ± 0,07	Serum
Lerne et al. [168]	17	1,05 ± 0,03		Serum, Vergleichsstudie mit Elektrode
Li u. Piechocki [170]	397	1,22 ± 0,05	2,29 ± 0,12	Serum
Lingarde [171]	297	1,11 ± 0,05		Serum
Madsen u. Olgaard [181]	34	1,10 ± 0,04	2,39 ± 0,11	Vollblut, 37 °C
Moore [198]	19	1,16 ± 0,05	2,47 ± 0,29	Serum, 37 °C
Pittinger [217]	42	1,08 ± 0,05	2,48 ± 0,10	Serum
Sachs u. Bourdeau [236]	13	1,04 ± 0,10	2,46 ± 0,10	Serum
Schwarz et al. [247]	30	0,96 ± 0,04		Serum

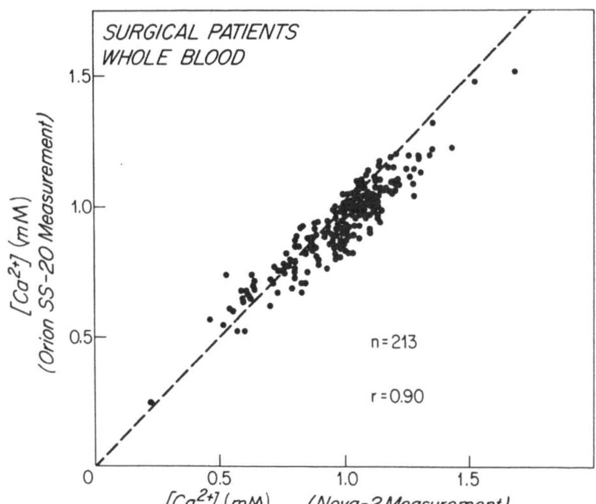

Abb 5. Konzentrationsmessung des ionisierten Kalziums mit 2 verschiedenen Elektrodensystemen. Die Abweichungen werden deutlicher im hyperkalzämischen Bereich [72]

Ein wichtiger Faktor der ersten Kategorie ist das Kalziumselektive Elektrodensystem, das zur Bestimmung der Ca^{2+}-Konzentration benützt wird. Obwohl die verschiedenen, kommerziell erhältlichen Kalziumelektroden auf einem gemeinsamen Funktionsprinzip aufgebaut sind, wurden mit Instrumenten von verschiedenen Herstellern meßbare Unterschiede bei der Bestimmung der Ca^{2+}-Konzentration nachgewiesen. In einer kürzlich erschienenen Arbeit [72] wurde gezeigt, daß der Normalwert auf verschiedenen Geräten bis zu 8% differieren kann. Im Acute Care Laboratory des MGH wurden auf 2 verschiedenen Kalziummeßgeräten parallel 43 Messungen der Ca^{2+}-Konzentration im Vollblut von freiwilligen Spendern durchgeführt. Der normale Wert der Ca^{2+}-Konzentration betrug mit dem einen Gerät 1,12 ± 0,01 mmol/l und 1,22 ± 0,01 mmol/l mit dem anderen. Dieser Unterschied erhöhte sich auf über 15%, wenn die Messung bei Hyperkalzämie durchgeführt wurde (Abb. 5). Es sollte deshalb bei Berichten über Veränderungen der Ca^{2+}-Konzentration bei Patienten immer das Gerät beschrieben werden, mit dem die Messungen vorgenommen wurden. Gleichzeitig sollte bei jedem Gerät der Normalwert zuerst an Hand von Messungen bei Freiwilligen bestimmt werden. Zu den weiteren Faktoren der ersten Kategorie gehört auch die Interferenz mit anderen Kationen, von der weiter oben im Rahmen der Ionenselektivität des Elektrodensystems bereits gesprochen wurde.

Die zweite Kategorie beinhaltet v. a. Faktoren, die in einem direkten Zusammenhang mit der Art und Weise stehen, mit der die Probe, in der das ionisierte Kalzium gemessen wird, entnommen und weiterbehandelt wurde. Sicher am wichtigsten ist, wie der pH-Wert die Messung der Ca^{2+}-Konzentration im Vollblut, Serum oder Plasma beeinflußt. Die Bestimmungen der Ca^{2+}-Konzentration werden in diesen Flüssigkeiten so durchgeführt, daß die Proben unter möglichst anaeroben Bedingungen in die Elektrode eingeführt werden. Dadurch soll ein Verlust an Kohlendioxid mit den daraus entstehenden pH-Veränderungen verhindert werden. Es ist bekannt, daß die Aktivität von Kalziumionen in proteinhaltigen Lösungen durch pH-Verschiebungen beeinflußt wird. Verschiedene Autoren [70, 171, 175, 181] haben mit vergleichbaren Methoden gezeigt, wie stark sich die Ca^{2+}-Konzentration im Serum, Plasma oder Vollblut durch pH-Abweichungen verändern kann.

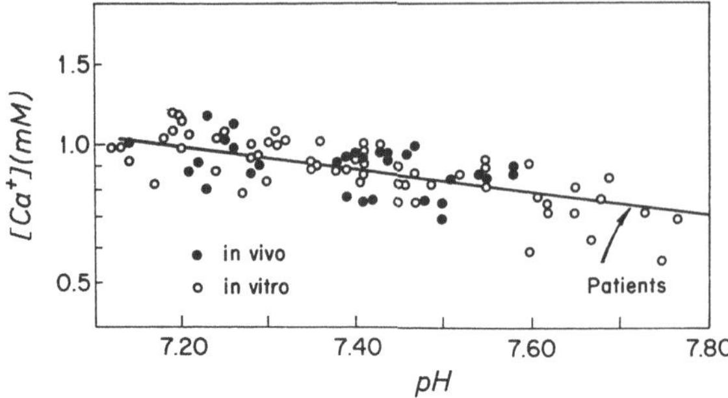

Abb. 6. pH-Titrationskurve in vivo an anästhesierten Freiwilligen. Ein pH-Anstieg von 0,4 hat einen Abfall der Ca^{2+}-Konzentration von 0,2 mmol/l (mM) zur Folge

An Hand einer an anästhesierten Patienten in vivo erstellten pH-Titrationskurve (Abb. 6) konnte gezeigt werden, daß bei einer pH-Veränderung von 7,6 auf 7,2 der Wert der Ca^{2+}-Konzentration um etwa 0,2 mmol/l ansteigt [70]. Da die Dissoziation von Kalziumkomplexen, die im Plasma physiologischerweise vorhanden sind, von einer pH-Verschiebung innerhalb des physiologischen Bereiches unabhängig ist, kann der Einfluß des pH auf die Ca^{2+}-Konzentration, wie in Abb. 6 gezeigt wird, nur durch eine Konkurrenz von Wasserstoff- und Kalziumionen auf die freien Valenzen an den Proteinen erklärt werden.

Ein zweiter Faktor ist das eventuelle Vorhandensein von Heparin in der Blutprobe. Im Hinblick auf die klaren Vorteile, wenn die Ca^{2+}-Konzentration im Vollblut gemessen werden kann, muß der quantitative Einfluß von Heparin auf diese Messung untersucht werden, da eine Zugabe von Heparin zur Antikoagulation der Blutproben nötig ist. Eigentlich würde man aus 2 Gründen erwarten, daß Heparin die Konzentration des ionisierten Kalziums senkt. Erstens besitzt das Heparinmolekül eine negative Wertigkeit, und zweitens wird die Probe durch das Heparin verdünnt. Obwohl Moore [198] gezeigt hat, daß bei einer zunehmenden Beigabe von Heparin der Kalziumgehalt in einer wäßrigen Kalziumchloridlösung allmählich abnimmt, wurde in dieser In-vitro-Untersuchung eine höhere Heparinkonzentration verwendet, als dies für eine Antikoagulation von Vollblut nötig ist. Zudem erniedrigt Heparin die Ca^{2+}-Konzentration in einer Lösung mit Plasmaproteinen möglicherweise nicht, da diese eine Art Pufferwirkung auf die Heparinmoleküle ausüben. Die im Labor des MGH [66] erstellten Resultate haben gezeigt, daß die Wirkung von Heparin sowohl in vitro als auch in vivo vernachlässigt werden kann, solange die Heparinkonzentration 30 Einheiten/ml nicht überschreitet (Abb. 7). Messungen der Ca^{2+}-Konzentration können somit in Blutproben, die für die arteriellen Blutgasmessungen verwendet werden, ohne Probleme durchgeführt werden. Es werden dazu 10-ml-Spritzen verwendet, deren Totraum mit Heparinlösungen gefüllt wurde (entspricht etwa 6 Einheiten/ml). Überschreitet das Verhältnis des Volumens der Blutprobe und des Totraums die oben erwähnten Angaben, wird das Heparin die Bestimmung der Ca^{2+}-Konzentration doppelt beeinflussen, nämlich sowohl auf Grund seiner negativen Ladung wie auch auf Grund des Verdünnungseffektes.

Ein dritter Faktor, der beachtet werden muß, sind die Plasmaproteine. Proteine sind für eine Kalziumbindung die wichtigsten Bestandteile im Plasma. Normalerweise liegt die Konzentration des totalen Kalziums (alle Anteile zusammen) zwischen 2,4 und 2,6 mmol/l, wie dies in Abb. 1 gezeigt wird. In der Klinik ist es wichtig zu wissen, daß die kommerziell erhältlichen Albuminlösungen eine höhere Affinität [72] für Kalziumionen aufweisen als das natürliche Albumin (Abb. 8). Bei der gleichen Konzentration des totalen Kalziums war der ionisierte Anteil in den käuflichen Albuminlösungen generell niedriger. Diese Beobachtung läßt ver-

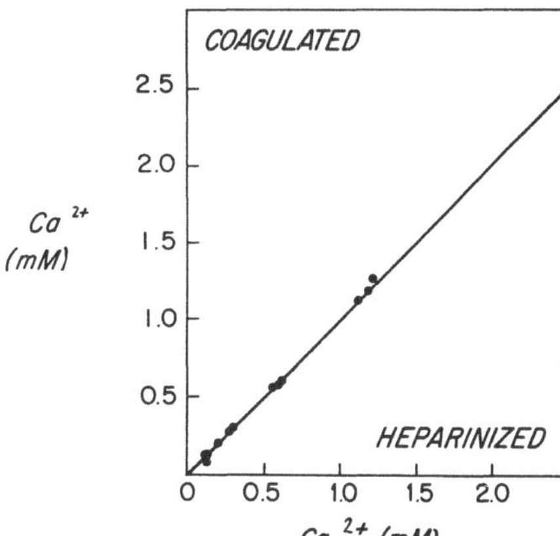

Abb. 7. Der Einfluß von Heparin auf die Bestimmung des ionisierten Kalziums [66]

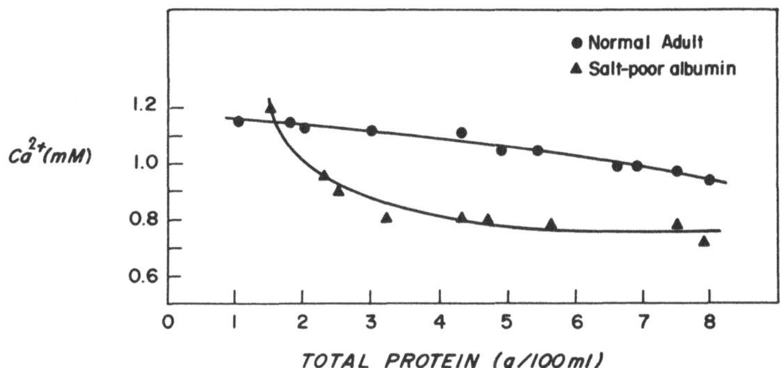

Abb. 8. Der Einfluß der Proteinkonzentration auf die gemessenen Kalziumkonzentrationen. Der Unterschied der Kalziumbindungskapazität zwischen normalem und kommerziell erhältlichem Albumin ist deutlich [72]

muten, daß es bei Empfängern von Proteinlösungen zu einem vorübergehenden Abfall der Ca^{2+}-Konzentration kommen kann. Eine solche Senkung der Konzentration an ionisiertem Kalzium konnte tatsächlich durch Howland et al. [134] an 25 Empfängern von Albuminlösungen nachgewiesen werden. Der Abfall betrug etwa 10%.

Als vierter Faktor, der die Ca^{2+}-Konzentration beeinflussen soll, wurde die Blutentnahmestelle diskutiert. Es wurden nämlich an verschiedenen Stellen des Gefäßsystems unterschiedliche Ca^{2+}-Konzentrationen gemessen [70]. Allerdings stellte sich bei einer Messung an 24 Patienten heraus, daß die Unterschiede derart klein sind, daß sie ohne klinische Bedeutung bleiben (Abb. 9).

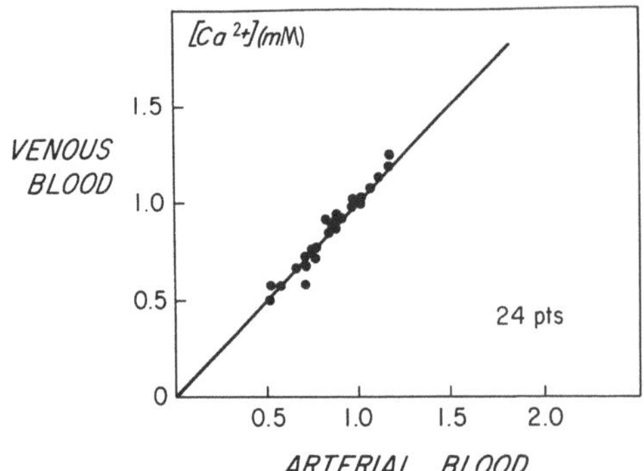

Abb. 9. Der Einfluß der Blutentnahmestelle auf die Konzentration an ionisiertem Kalzium

Kalziumionenkonzentration und das Q-T-Intervall im EKG

Wie bereits am Anfang erwähnt wurde, sind die Kalziumionen auch an den elektrischen Ereignissen des Herzens beteiligt. Die ruhende Herzmuskelzelle besitzt im Zellinneren einen Überschuß an negativer elektrischer Ladung. Durch Veränderungen der Zellwandpermeabilität kommt es zu einer Verschiebung von Natrium- und Kaliumionen durch die Zellmembran, was zur Depolarisation und elektrischen Aktion führt. Darauf folgt die Repolarisation, d. h. die Rückkehr zum Ruhepotential. Diese Ladungsunterschiede an der Zellmembran während der Depolarisation und Repolarisation können als Aktionspotential abgeleitet werden (Abb. 10).

Der erste, rasche Ausschlag des Aktionspotentials wird durch den Natriumionenstrom erzeugt [144, 226, 261], die darauffolgende Plateauphase ist durch einen Kalziumionenstrom bedingt [144, 226, 248, 261]. Das Plateau des Aktionspotentials dauert so lange, wie Kalziumionen in das Zellinnere strömen [261]. Es ist bekannt, daß die Länge des Plateaus des Aktionspotentials von der extrazellulären Ca^{2+}-Konzentration und damit von der Ca^{2+}-Konzentration im Blut beeinflußt wird. Da die ST-Strecke des konventionellen EKG der Plateauphase des Aktionspotentials entspricht, war es naheliegend, daß versucht wurde mit Hilfe eines Routine-EKG auf die Konzentration an ionisiertem Kalzium im Blut zu schließen.

Bronsky et al. [28, 29] fanden bei 23 Patienten mit postoperativer hypokalzämischer Tetanie eine Verlängerung des Q-T-Intervalles. Die Werte der Konzentration des totalen Kalziums lagen bei diesen Patienten zwischen 1,42 und 2,05 mmol/l. Beim Hyperparathyreoidismus hingegen wurde eine Verkürzung der Q-T-Strecke [28] gefunden. In verschiedenen Studien

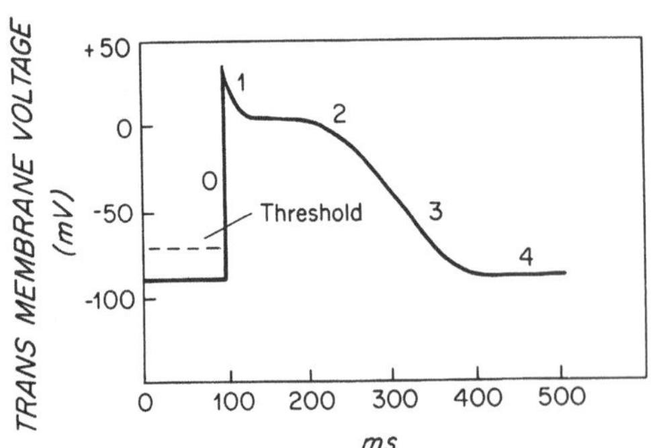

Abb. 10. Das Aktionspotential des Herzens. *0* zeigt die Depolarisation, *1* die frühe und rasche Phase der Repolarisation, *2* die Plateauphase der Repolarisation und *3* die Endphase der langsamen Repolarisation. *4* ist das Ruhepotential

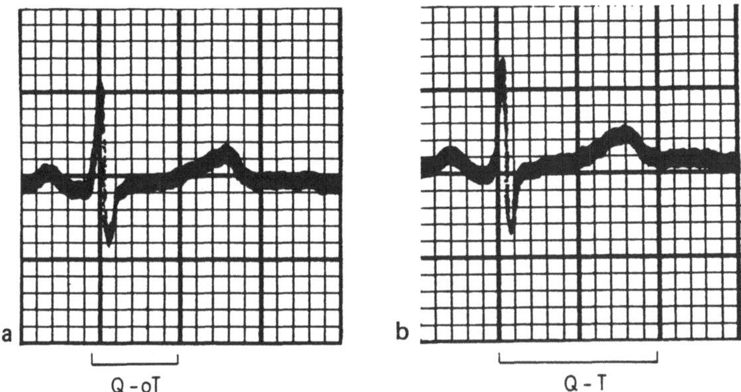

Abb. 11a, b. Berechnung des Q-oT-(a) und des Q-T-Intervalls (b). Q-Tc bedeutet, daß das Intervall entsprechend der Herzfrequenz korrigiert wurde

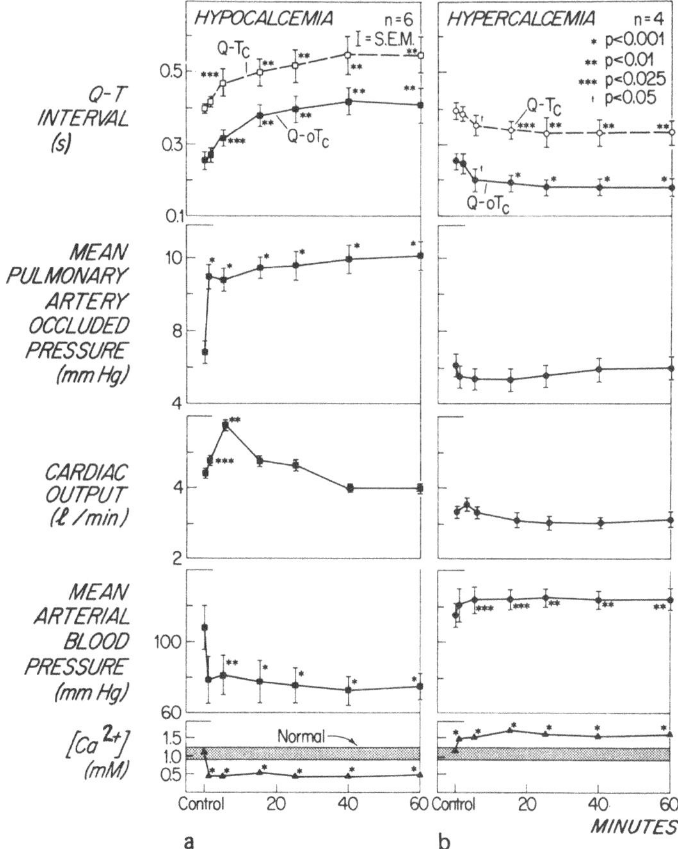

Abb. 12a, b. Veränderung des Q-T-Intervalls bei anhaltender Hypo- bzw. Hyperkalzämie. a Trotz konstanter Hypokalzämie vergrößert sich das Q-T-Intervall während den ersten 15 min kontinuierlich. Die hämodynamischen Veränderungen treten hingegen sofort auf. b Während einer konstanten Hyperkalzämie verkleinert sich das Q-T-Intervall während den ersten 15 min kontinuierlich. Auch hier treten die hämodynamischen Veränderungen sofort auf [239]

wurde gezeigt, daß die Q-T-Dauer im EKG (Abb. 11) sowohl bei einer akuten Hypokalzämie nach massiver Bluttransfusion [134, 234] als auch bei einer akuten Hyperkalzämie nach einer Kalziuminfusion [234] nur ein sehr schlechtes Korrelat zu der Konzentration an ionisiertem Kalzium im Blut darstellt. Howland et al. [134] fanden bei Patienten mit Massentransfusionen, daß die Q-T-Dauer erst auf eine Erniedrigung der Konzentration des ionisierten Kalziums hindeutete, wenn diese unter 0,5 mmol/l abgefallen war. Alle diese Messungen wurden bei akuten, kurzdauernden Veränderungen der Ca^{2+}-Konzentration im Blut gemacht. Dabei veränderte sich nicht nur die Ca^{2+}-Konzentration während der Messung, sondern auch verschiedene hämodynamische Parameter.

Um diese Frage endgültig zu klären, haben wir an Hunden mit konstant gehaltener Hypo- oder Hyperkalzämie und konstanter Hämodynamik das Q-T-Intervall gemessen [239]. Es zeigte sich, daß sich die Dauer der Q-T-Strecke noch während 15 min veränderte trotz absolut stabiler Ca^{2+}-Konzentration (Abb. 12). Es besteht also keine Möglichkeit, an Hand eines EKG-Streifens die Konzentration an ionisiertem Kalzium im Blut exakt zu bestimmen.

Bei Patienten mit einem chronischen Hyperparathyreoidismus konnte ein bedeutend kürzeres Q-T-Intervall gemessen werden als bei einer Kontrollgruppe [110]. Die Verkürzung war aber nicht groß genug, um pathognomonisch für eine Hyperkazämie zu sein, da die Streuung des Q-T-Intervalls in der Kontrollgruppe zu stark war.

Aus all diesem geht hervor, daß nur eine direkte Messung der Konzentration des ionisierten Kalziums Rückschlüsse auf quantitative Veränderungen der Konzentration dieses Ions zuläßt.

Elektromechanische Koppelung durch Kalziumionen

Kalzium ist zur elektromechanischen Koppelung in allen Muskeln, sowohl Skelett-, Herz- als auch der glatten Muskulatur, nötig [80, 83, 85, 119, 159–161, 295]. Die Skelettmuskulatur ist nicht so stark vom extrazellulären Kalzium abhängig. Selbst in einem kalziumfreien Medium bleibt ihre Kontraktionsfähigkeit während mehrerer Stunden erhalten [295].

Ganz im Gegensatz dazu ist der Herzmuskel direkt vom extrazellulären Kalzium abhängig da die intrazellulären Kalziumspeicher nur einen sehr beschränkten Vorrat besitzen [80, 85]. Bereits 1882 hat Ringer [227, 228] gezeigt, daß das Froschherz nur schlägt, wenn Kalzium in der Perfusionslösung vorhanden ist. Diese Beobachtung wurde seither mehrmals bestätigt [165, 174, 185].

Transmembranöser Kalziumionenfluß

Die Menge der Kalziumionen, die bei einer Depolarisation in die Herzmuskelzelle eindringt, reicht nicht aus, um die kontraktilen Elemente zu aktivieren [78, 142]. Die Kalziumionen, die durch die Zellmembran einströmen, erhöhen lediglich die intrazelluläre Ca^{2+}-Konzentration [142], was dann zum Ausströmen der intrazellulär gespeicherten Kalziumionen führt [79]. Das intrazelluläre Kalzium wird v. a. im sarkoplasmatischen Retikulum [78], im Sarkolemm [12], in den Z-Tubuli [43] und in den Mitochondrien [43] gespeichert. Bei Vorhandensein von Calmodulin [42, 182] aktiviert die erhöhte intrazelluläre Ca^{2+}-Konzentration die kontraktilen Elemente. Das sarkoplasmatische Retikulum reguliert die intrazelluläre Ca^{2+}-Konzentration nach jeder Kontraktion [145]. Eine Störung des Kalziumionentransportes von und zum sarkoplasmatischen Retikulum kann deshalb schuld sein an einer kardialen Kontraktilitätsverminderung, wie sie z. B. bei einer Koronarperfusionsstörung auftritt [144, 145, 150]. Daß das sarkoplasmatische Retikulum für das intrazelluläre Kalzium so wichtig ist, wird durch die Beobachtung bestätigt, daß das Froschherz, bei dem das sarkoplasmatische Retikulum nur wenig entwickelt ist, viel stärker vom extrazellulären Kalzium abhängig ist [80, 160].

Die inotrope Wirkung von Kalzium und seine Kinetik

4 verschiedene Proteine sind an dem kontraktilen Prozeß beteiligt: die kontraktilen Proteine Aktin und Myosin sowie die regulierenden Proteine Troponin und Tropomyosin. Um eine Kontraktion auszulösen, muß Kalzium diese Proteine, wie in Abb. 13 gezeigt wird, aktivieren. Gemäß diesem Modell wird die Myosinverankerungsstelle für Aktin frei, wenn Kalzium mit

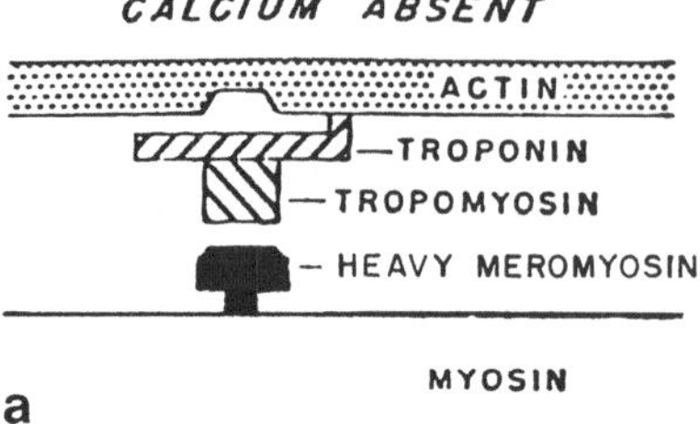

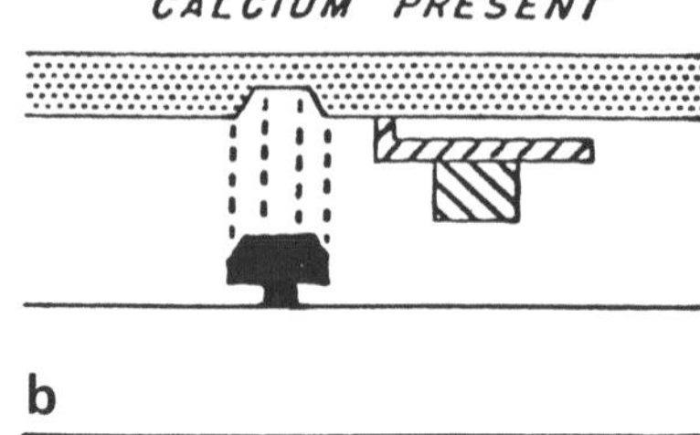

Abb. 13 a, b. Schematische Darstellung der Interaktion zwischen Kalzium und den kontraktilen Proteinen. (Aus Braunwald [24])

Troponin C eine Verbindung eingeht. Aktin verändert seine Position gegenüber dem Myosin, so daß es zu einer Sarkomerverkürzung [142] kommt. Die Kalziumionen kontrollieren auch die durch die kontraktilen Elemente entwickelte Spannung (ein energieverbrauchender Prozeß), indem sie die Spaltung von ATP regulieren [85, 244]. Diese kalziumabhängige Hydrolyse von ATP kann durch alle Medikamente vermindert werden, die den Kalziumioneneinstrom in die Zelle vermindern, wie z. B. β-Blocker [142] oder Kalziumantagonisten [57, 85], die beide eingesetzt werden, um die metabolischen Anforderungen der Zelle zu vermindern [142].

Die Kalziumbindung an Troponin C ist reversibel und die Relaxation erfolgt dann, wenn Kalziumionen von der Troponinbindungsstelle freigegeben werden. Diese Spaltung erfolgt, wenn die Konzentration an freien Kalziumionen im Zytoplasma durch Rückstrom in die Speicher [286] (schnelle Phase [195]) oder durch Herauspumpen aus der Zelle (langsame Phase [195]) absinkt. Um Kalziumionen von den kontraktilen Elementen zu entfernen, benötigt das schlagende Herz 15% des totalen Energieverbrauches [158].

Die Geschwindigkeit, mit der Kalziumionen aus den Speichern freigesetzt werden, und die Gesamtmenge von Kalzium im Zytoplasma sind direkt verantwortlich für die Kraft und die Geschwindigkeit, mit der eine Spannung durch den Herzmuskel erzeugt werden kann [159–161]. Dies wurde an Fibrillen gezeigt, bei denen das Sarkolemm entfernt wurde [77–79]. Das sarkoplasmatische Retikulum hingegen blieb intakt und war für von außen zugegebene Kalziumionen direkt zugänglich. Diese Experimente haben gezeigt, daß bei einer Ca^{2+}-Konzentration von 10^{-7} mol/l keine Spannung, und bei einer Konzentration von 10^{-5} mol/l die maximale Spannung erzeugt werden kann [6, 74, 77, 78].

Da die extrazelluläre Ca^{2+}-Konzentration etwa 10^{-3} mol/l beträgt, besteht ein Gradient über der Zellmembran von 10000:1 [225]. Um Kalziumionen aus der Zelle zu pumpen, wird somit Energie benötigt [142]. Interventionen, die die Kontraktilität des Herzens beeinflussen, sind bedingt durch Veränderungen der Kalziumionenlieferung an die kontraktilen Elemente. Dies kann geschehen durch Änderung des Kalziumioneneinstroms in die Zelle, durch Veränderung des intrazellulären Kalziumpools, durch Veränderung der regulatorischen Rolle des sarkoplasmatischen Retikulums oder durch Interferenzen zwischen den Kalziumionen und den kontraktilen Elementen.

Katecholamine z. B. fördern den Kalziumioneneinstrom in die Zelle [106] und beschleunigen gleichzeitig die Aufnahme von Kalzium durch das sarkoplasmatische Retikulum [195]. Dies ist der Grund für die bei diesen Medikamenten beobachtete Beschleunigung der Relaxation.

Digitalis [101, 143, 163], paarige und sehr rasche elektrische Stimulation [142, 188, 294] erhöhen die Menge des intrazellulären Kalziumpools. Verminderung der Kontraktilität kann bedingt sein durch eine erschwerte Interaktion zwischen Kalzium und Troponin. Die schlechtere Kontraktion bei Azidose ist ein typisches Beispiel dafür, indem H-Ionen die Troponinbindungsstellen für Kalziumionen besetzen [145].

Bei Patienten, bei denen während eines Herzklappenersatzes eine Papillarmuskelbiopsie entnommen wurde, konnte festgestellt werden, daß bei der Herzinsuffizienz nicht nur ein verminderter intrazellulärer Kalziumgehalt besteht, sondern daß auch das Verteilungsmuster dieses Kalziums in der Zelle ganz anders ist [43, 164].

Obwohl beschrieben wurde, daß Halothan sowohl den Kalziumionentransport über die Zellmembran als auch die Kalziumionenaufnahme im sarkoplasmatischen Retikulum [190] verändert, ist sein Effekt auf die intrazelluläre Ca^{2+}-Konzentration vernachlässigbar. Halothan führt jedoch zu einer Hemmung der ATPase und zu einer kompetitiven Hemmung der Kalzium-Troponin-Interaktion [190]. Bei einer Ischämie und einem hypoxischen Schaden werden die Grenzen der Aufnahmefähigkeit des sarkoplasmatischen Retikulums für Kalzium überschritten [257], so daß der Kalziumspiegel im Zytoplasma nicht rasch genug gesenkt werden kann [108, 195]. Das intrazelluläre Kalzium bleibt somit länger aktiv und die Kalzium-Troponin-Bindung länger bestehen, was zu einer schlechteren Relaxation führt. Beim schlagenden Herzen führt dieser Zustand zu einer Verlagerung der Druck-Volumen-Kurve nach oben. Diese Veränderung der diastolischen Eigenschaften des Herzmuskels ist einer der Hauptgründe für die Erhöhung des Füllungsdruckes bei der ischämiebedingten Herzinsuffizienz [108, 289].

Intrazellulärer Kalziumionenüberschuß

Damit sich der Herzmuskel kontrahiert, benötigt er eine kurzfristige Erhöhung der intrazellulären Ca^{2+}-Konzentration. Es ist aber gleichzeitig bekannt, daß ein Übermaß an intrazellulärem Kalzium zu einer Zellzerstörung führen kann.

Ein solcher Überschuß an intrazellulärem Kalzium wurde unter verschiedenen Bedingungen beobachtet. Dies soll u. a. vorkommen bei Hyperkalzämie [74, 261], bei Hypoxie [206], bei β-Stimulation mit einer hohen Dosis von Isoproterenol [87, 100], nach Reperfusion bei Myokardischämie [249] und nach Myokardperfusion mit kalziumhaltiger Lösung, nachdem zuvor mit kalziumfreier Lösung perfundiert wurde (Kalziumparadoxon) [106, 300].

Nach Gabe von sehr hohen Dosen von Isoproterenol (30 mg/kg KG) wurde bei Ratten eine starke Zunahme des Kalziumionenstromes in die Zelle beobachtet [87]. Kalziumionen wurden v. a. von den Mitochondrien aufgenommen. Gleichzeitig fiel eine starke Abnahme der Energieträger (ATP) im Herzmuskel auf. Pathologisch-anatomisch fand sich eine schwere Zellnekrose, ähnlich wie nach einer Ischämie oder Anoxie. Diese Zellnekrose konnte durch Kalziumantagonisten, wie z. B. Verapamil, verhindert werden, die morphologischen Veränderungen müssen deshalb als Folge der übermäßigen intrazellulären Ca^{2+}-Konzentration angesehen werden [87, 100].

Beim „Kalziumparadoxon" ist die Zellnekrose ebenfalls durch eine intrazelluläre Hyperkalzämie bedingt [106, 300]. Der Ausdruck „Kalziumparadoxon" wurde eingeführt aufgrund von Experimenten am Rattenherzen, wo nach Zufügen von Kalziumionen zu der zuerst kalziumfreien Perfusionslösung die elektrische und mechanische Aktivität des Herzens aufhörte und es zu schweren Zellnekrosen kam. Die gleichen Beobachtungen konnten auch am Hund gemacht werden [300].

Dadurch wurde erneut bestätigt, daß ein kalziumfreies Nährmedium schädlich ist für die
Zellintegrität und ihre Funktion [119]. Ein wichtiger Grund für den intrazellulären Kalziumüberschuß beim „Kalziumparadoxon" ist, daß es in der kalziumfreien Perfusionslösung zum
Verlust der an die Membran gebundenen Proteine kommt, die die Kalziumkanäle bilden
[125]. Die morphologischen Veränderungen beim „Kalziumparadoxon" können abgeschwächt
werden durch Kühlung der Perfusionsflüssigkeit [125] und durch Veränderung ihres Natrium-
gehaltes [106] oder pH-Wertes [13].

Ein intrazellulärer Kalziumüberschuß erfolgt auch nach einer Ischämie bei der Reperfusion. Eine Unterbindung der linken Koronararterie beim Hund während 60 min hat keine
Veränderung der intrazellulären Ca^{2+}-Konzentration zur Folge. Setzt jedoch nach 40 min
Ischämiezeit für 20 min eine Reperfusion ein, kommt es zu einem 18fachen Anstieg des intrazellulären Kalziumgehaltes [249]. Diese Veränderungen wurden bei verschiedenen Tierarten
gefunden, wie z. B. bei Hund [300], Ratte [300], Kaninchen [106] und Katze [114]. Ob
ähnliche Mechanismen auch für die ischämische Kontraktur des menschlichen Herzens („stone
heart" [50]) verantwortlich sind, muß erst noch bewiesen werden.

Der Begriff „stone heart" wurde von Cooley et al. [50] eingeführt. Sie beobachteten bei
13 Patienten, die wegen Aortenstenose einen Aortenklappenersatz erhielten, eine nicht mehr
zu lösende Kontraktion des Herzens unmittelbar nach Beendigung des extrakorporalen Bypasses. Alle Patienten wiesen eine schwere linksventrikuläre Hypertrophie auf. Sowohl ein intrazellulärer Kalziumüberschuß als auch sehr tiefe ATP-Werte wurden als Entstehungsursachen
diskutiert. Neuerdings konnten solche ischämische Kontrakturen sowohl bei der Ratte [115,
116] als auch beim Kaninchen [122] nachvollzogen werden. Der wichtigste Faktor in der Entstehung dieser Dauerkontraktion ist die Senkung der ATP-Konzentration um 10 μmol/g unter
den Normwert (22 μmol/g). Diese Erniedrigung wird erklärt durch ein plötzliches Aufhören
der ATP-Produktion bei Andauern des Energieverbrauches infolge des Weiterschlagens des
Herzens. Da ATP auch bei der Relaxation beteiligt ist, wird die diastolische Relaxation bei
ungenügendem Angebot von ATP ungenügend. Der tiefe Spiegel von ATP führt zusätzlich
zur Bildung von starren Bändern zwischen Aktin und Myosin, und eine Anhäufung dieser
Bänder führt zur ischämischen Kontraktur [115]. Weitere Experimente haben gezeigt, daß
sich eine Muskelsteife entwickelt, sobald die ATP-Konzentration unter 15% des Normalwertes
absinkt [103]. Obwohl bei den experimentell hervorgerufenen ischämischen Kontrakturen
ein intrazellulärer Kalziumüberschuß nicht direkt beteiligt ist [115, 116], sollte trotzdem auf
eine freizügige Kalziumgabe in Situationen, in denen ein „stone heart" zu befürchten ist,
verzichtet werden.

Es ist ausgesprochen wichtig, diese intrazellulären Vorgänge nach einer Ischämie, Anoxie
und Reperfusion im Detail zu kennen, wenn man Therapien festlegen will, die die Herzfunktion während oder unmittelbar nach einem ischämischen Schaden verbessern sollen.

Kalzium gehört unmittelbar nach dem extrakorporalen Bypass zu den meistgebrauchten
Medikamenten, um die Herzfunktion zu verbessern [138, 291]. Das Herz ist sicher während
der Bypasszeit einer globalen Ischämie ausgesetzt. Es ist deshalb wichtig zu wissen, ob die
schweren strukturellen Veränderungen, die entstehen, wenn Kalziumionen nach einer Ischämie wieder in die Zelle einströmen [115, 116, 300], auch in diesen Situationen vorkommen.
In einer Untersuchung am Hund über die Auswirkung einer Kalziumgabe auf die linksventrikuläre Funktion während der Reperfusion nach hypothermem Herzstillstand wurden
7 mg/kg KG $CaCl_2$ 15 min nach der Reperfusion gegeben. Neben der Hämodynamik wurden
auch Muskelbiopsien untersucht. Sowohl der intraventrikuläre Druck als auch dp/dt stiegen unter

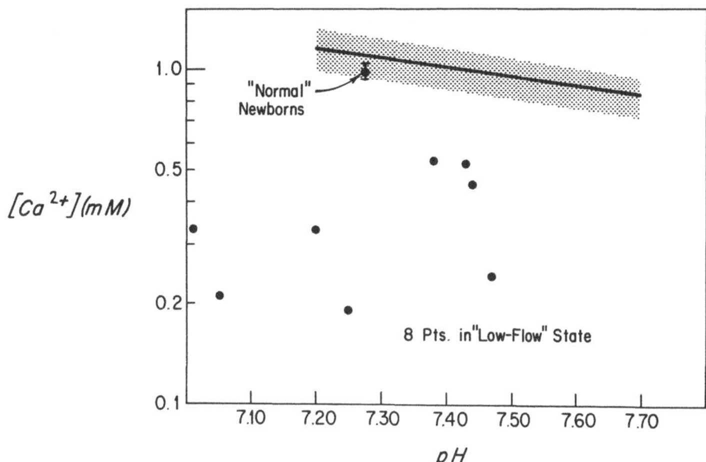

Abb. 14. Schwerste Hypokalzämien, gemessen auf Intensivstationen, bei Patienten mit stark erniedrigtem Herzminutenvolumen [66]

diesen Bedingungen sofort an. Es wurden jedoch keine zusätzlichen Veränderungen zu den durch die Ischämie bedingten morphologischen Veränderungen festgestellt [14].

Eine Hypokalzämie ist in der Klinik ein recht häufiges Ereignis (Abb. 14). Zuerst müssen die Auswirkungen einer niedrigen Konzentration an ionisiertem Kalzium auf die Herzpumpfunktion genau untersucht werden. Danach muß die adäquate Therapie gefunden werden, um das wegen einer Hypokalzämie hypodynamisch gewordene Herz zu unterstützen [16]. Ob Kalzium, wieviel Kalzium und welche Form von Kalzium in diesen Fällen gegeben werden soll, muß ebenfalls untersucht werden.

In den nächsten Abschnitten werden deshalb die Auswirkungen von verschiedenen Ca^{2+}-Konzentrationen auf die Herzpumpfunktion beschrieben.

Wirkung von Kalziumionen auf das Herz und den Kreislauf

Ein erhöhter Kalziumgehalt im Blut oder in der Perfusionslösung führt zu einer Erhöhung der Kontraktilität des Herzmuskels, eine Verminderung des Kalziumgehalts führt zu einer Abnahme der Kontraktilität. Dies wurde in unzähligen Arbeiten am Papillarmuskel [31, 294], am isolierten Herzen [82, 152, 185], im Tierexperiment mit konstant gehaltener peripherer Zirkulation (Bypass) [27, 71, 96], am intakten Tier [189, 240, 250] und am Menschen [50, 126] gezeigt.

In der Klinik nützt uns diese mehrfach bewiesene Interaktion zwischen dem ionisierten Kalzium und der Kontraktilität aus 2 Gründen wenig. Erstens ist der Anstieg oder Abfall des Gehalts an ionisiertem Kalzium im Blut von Patienten im Vergleich zu den oben zitierten Arbeiten nur sehr gering. Zweitens sind bei der Behandlung von Patienten mit Kalzium nicht nur die Kontraktilitätsveränderungen, sondern auch die Auswirkungen des Kalziumions auf die periphere Zirkulation zu berücksichtigen.

Hyperkalzämie

Eine Hyperkalzämie findet man bei 0,3–2,9% der Bevölkerung [156]. Sie kann Folge eines erhöhten Knochenabbaus (osteoklastische Metastase) [92, 157, 279] oder einer Überfunktion der Parathyreoidea [52, 176, 202] sein. Auch bei Patienten nach Hämodialyse wurden Hyperkalzämien gefunden. Die akute Hyperkalzämie im Operationssaal oder auf der Intensivstation ist fast immer die Folge einer übermäßigen Kalziumgabe.

Hämodynamische Auswirkungen

Eine erhöhte Ca^{2+}-Konzentration führt zu einer Erhöhung der Kontraktilität nicht nur des Herzmuskels [27, 71, 185], sondern auch der glatten Muskulatur [18, 89, 111, 123]. Dies führt zu einer Erhöhung des systemischen Gefäßwiderstandes (Abb. 15 u. 16). Mehrere Berichte über Hypertonien bei bestehender Hyperkalzämie bestätigen die Beteiligung der peripheren Gefäße an der hämodynamischen Auswirkung einer Hyperkalzämie [73, 89, 111, 148, 200, 248, 285, 297]. Lembeck u. Juan [167] beobachteten einen kurzzeitigen Anstieg des systolischen Blutdruckes in normokalzämischen Hunden nach Kalziuminjektion. Liu et al. [172] fanden nach einer Kalziumgabe bei durch Parathyreoidektomie hypokalzämisch gemachten Hunden sowohl einen Anstieg des mittleren Aortendrucks wie auch des peripheren Widerstandes. Der Anstieg kommt zusätzlich zu einem erhöhten Herzminutenvolumen und dp/dt und ist bedingt durch Kalzium, denn er bleibt auch nach β-Blockierung bestehen [102].

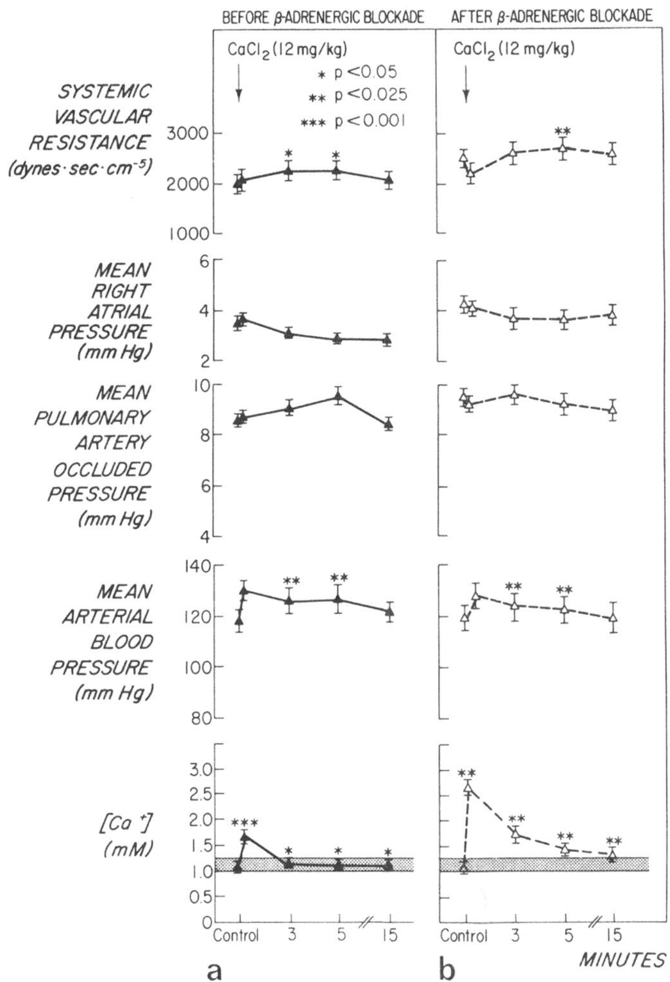

Abb. 15. a Hämodynamische Auswirkungen einer CaCl₂-Bolus-Injektion. Eine kurzzeitige Erhöhung der Ca²⁺-Konzentration führt zu einem Anstieg des mittleren Aortendruckes ohne signifikante Veränderung des linksventrikulären Füllungsdruckes. b Hämodynamische Auswirkung einer CaCl₂-Bolus-Injektion nach β-Blockade. Obwohl die Kalziumdosis dieselbe war, ist der Anstieg der Ca²⁺-Konzentration größer. Hämodynamisch ist kein Unterschied festzustellen

In einer Studie von Cope [52] litten etwa 60% der Patienten, die wegen Hyperparathyreoidismus und Hyperkalzämie untersucht wurden, an einer arteriellen Hypertonie. In einer Fallbeschreibung wird von einem Patienten berichtet, der eine hypertensive Krise entwickelte, nachdem Kalzium injiziert wurde zur Antagonisierung von Verapamil, das wegen Rhythmusstörungen eingesetzt worden war [113].

Die Wirkung von Kalzium auf den Blutdruck und den peripheren Gefäßtonus spiegelt sich auch in der hämodynamischen Wirkung von Digitalis wider. Digitalis, das die intrazelluläre

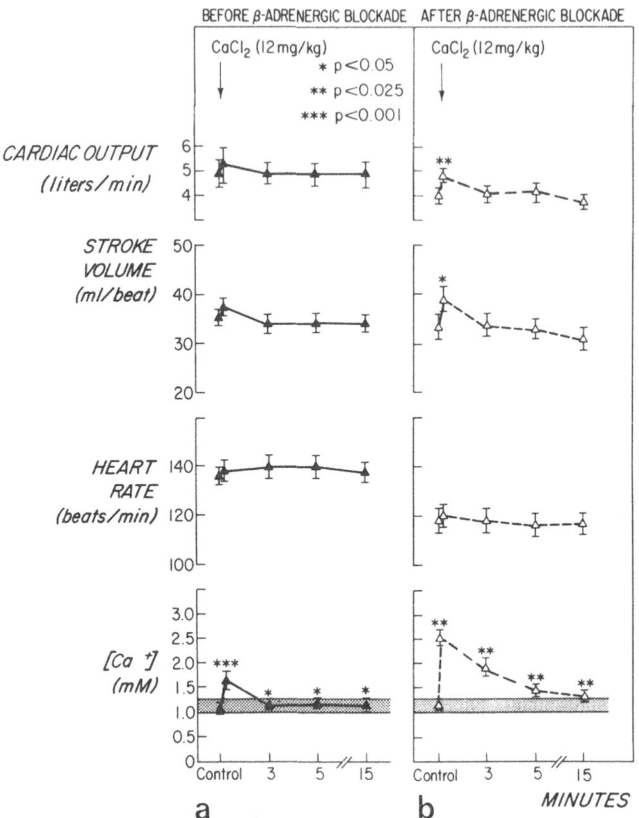

Abb. 16. a Eine CaCl₂-Bolus-Injektion hatte keinen signifikanten Anstieg des Herzminutenvolumens zur Folge. Die Herzfrequenz blieb stabil. **b** Nach β-Blockade war die Kalziuminjektion (gleiche Dosis, gleiche Geschwindigkeit) von einem kurzdauernden Anstieg des Herzminutenvolumens gefolgt

Ca^{2+}-Konzentration erhöht [163], führt zu einer arteriellen Drucksteigerung durch eine Erhöhung des systemischen Widerstandes [101].

Ganz im Gegensatz zu diesen gut dokumentierten Untersuchungen über die hämodynamischen Auswirkungen von Kalzium steht die Aussage in einem bekannten Lehrbuch, daß Kalziuminfusionen von einem leichten Blutdruckabfall gefolgt seien [101]. Dies könnte aber höchstens als Folge einer schweren Rhythmusstörung auftreten, bedingt durch eine Überdosis an Kalzium.

Auf die Herzfrequenz hat eine kurzdauernde Erhöhung der Ca^{2+}-Konzentration keinen Einfluß [240, 243]. Bei extrem hohen Werten der Ca^{2+}-Konzentration hingegen kommt es zur Frequenzabnahme [189, 216].

Myokardiale Kontraktilität

Wie bereits weiter oben erwähnt, ist das qualitative Verhältnis zwischen Ca^{2+}-Konzentration
und myokardialer Kontraktilität mehrfach bewiesen worden. Am isolierten Papillarmuskel der
Katze erhöht Kalzium die Spannung unabhängig von der jeweiligen Faserlänge. Beim Papillarmuskelpräparat [294] wird der höchste positiv inotrope Effekt bei einer Ca^{2+}-Konzentration
von 5–8 mmol/l gefunden. Eine weitere Erhöhung der extrazellulären Ca^{2+}-Konzentration auf
11 mmol/l bringt keine weitere Steigerung mehr. Dies sind jedoch hyperkalzämische Werte,
die weit über den in der Klinik angetroffenen liegen [202]. Die Stärke und die Geschwindigkeit der Kontraktion im Papillarmuskelpräparat der Katze steigt proportional zur Ca^{2+}-Kon-
zentration [31]. Im Froschherzpräparat nimmt die Amplitude der Ventrikelkontraktion innerhalb gewisser Grenzwerte proportional zur Ca^{2+}-Konzentration im Perfusionsbad zu [185].

Beim Hund mit einem durch Bypass konstant gehaltener peripherer Zirkulation führt Kalzium
zu einer Abnahme des linksventrikulären Umfanges [82]. Da das gleiche Schlagvolumen trotz
kleinerer Faserlänge ausgeworfen wird, bedeutet dies eine positiv inotrope Wirkung. Injiziert
man unter den gleichen experimentellen Voraussetzungen eine hohe Dosis Kalzium direkt
in die Koronararterien, was sicher zu einer lokal höheren Konzentration als bei intravenöser
Gabe führt, kommt es zu einer Erhöhung von dp/dt_{max} und einer Abnahme des linksventrikulären enddiastolischen Druckes [96]. Ein starker Anstieg von dp/dt wurde nach Infusion
von Kalzium (500 mg) beim Hund [250] beobachtet, wobei durch die gleichzeitige Erhöhung
des Aortendruckes die dp/dt-Veränderungen schwierig zu interpretieren sind [183, 282].

Eine quantitative In-vivo-Untersuchung des Verhältnisses zwischen Ca^{2+}-Konzentration
und Herzkontraktion wird in Abb. 17 gezeigt. In dem klinisch möglichen Bereich der Hyperkalzämie besteht ein beinahe lineares Verhältnis zwischen dem log $[Ca^{2+}]$ und dp/dt_{max},

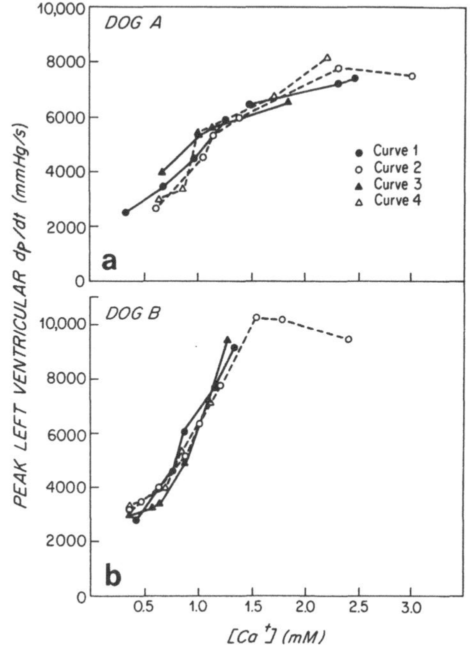

Abb. 17a, b. Verhältnis zwischen der Ca^{2+}-Konzen-
tration und der maximalen Geschwindigkeit der
Druckentwicklung im linken Ventrikel (*peak left
ventricular dp/dt*) beim Hund. Im Ca^{2+}-Konzentra-
tionsbereich zwischen 0,5 und 2,0 mmol/l (*mM*)
ist das Verhältnis praktisch linear. (Von Bristow
et al. [27])

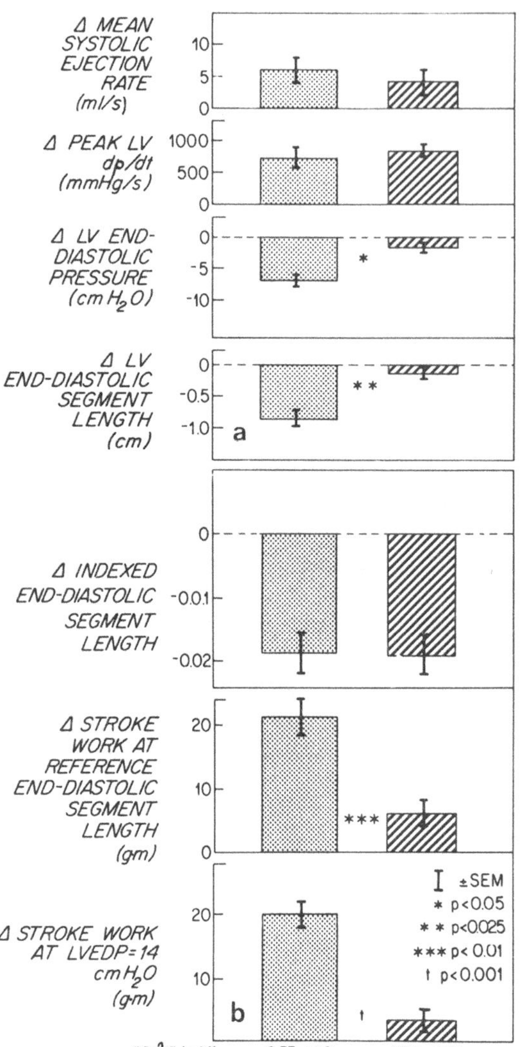

Abb. 18a, b. Vergleich der Wirkung einer Kalziuminjektion bei vorbestehender Hypokalzämie (*linke Seite*) mit einer bei Normokalzämie (*rechte Seite*). a Meßwerte bei konstantem Mitteldruck, konstanter Herzfrequenz und konstantem Herzminutenvolumen. b Meßwerte von linksventrikulären Funktionskurven bei konstantem Mitteldruck und konstanter Herzfrequenz. Der Kalziumbedingte Anstieg der Schlagarbeit bei konstant gehaltenem diastolischem Füllungsdruck ist 5mal größer bei vorbestehender Hypokalzämie als bei Normokalzämie. Interessant ist, wie die Parameter der Kontraktilität (*dp/dt*) und die der Pumpfunktion des Herzen in dieser Situation unterschiedliche Ergebnisse zeigen

einem Kontraktilitätsparameter, der während der isovolumetrischen Kontraktion gemessen wird [27]. dp/dt kann allerdings sehr stark von anderen Parametern der Kontraktilität, die während der Auswurfphase der Systole gemessen werden, divergieren, wie dies bei Patienten nach frischem Myokardinfarkt [211] oder bei Hunden nach einer Noradrenalininfusion [54] gezeigt werden konnte. Wie Abb. 18 zeigt, ist dies auch bei Hunden nach Kalziuminfusion so. Die klinische Bedeutung einer Erhöhung von dp/dt unter diesen Voraussetzungen ist somit fraglich. Der Ausdruck „positiv inotrop" wird sowohl bei einer Steigerung von dp/dt angewendet, als auch bei einer verbesserten Pumpfunktion des Herzens. Diese kann mit Hilfe von ventrikulären Funktionskurven dargestellt werden. Was wir in der Klinik tatsächlich nach einer Kalziuminjektion wollen, ist eine verbesserte Pumpfunktion des Herzens. Aus diesen Gründen haben wir eine Studie unternommen, die zum Ziel hatte, das quantitative Verhältnis zwischen

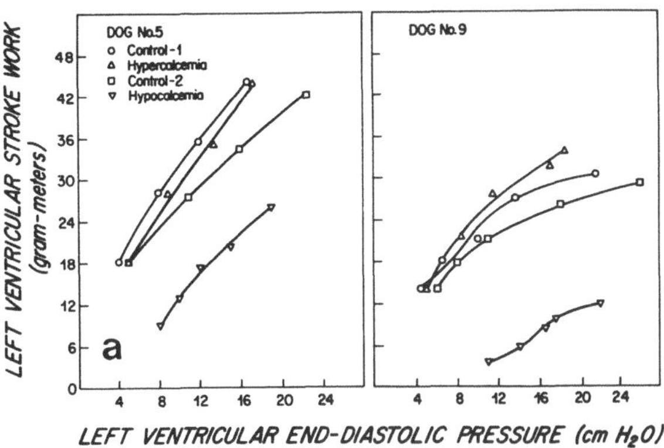

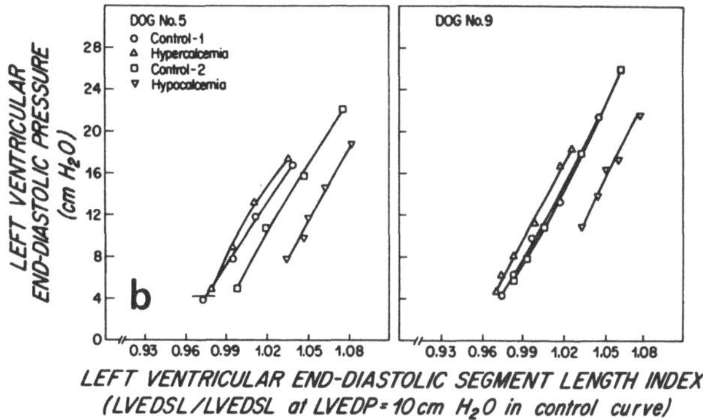

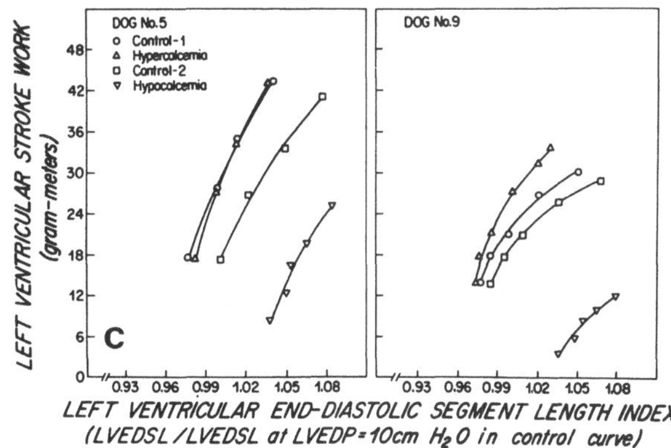

Abb. 19a–c. Linksventrikuläre Funktionskurven (a und c) beim Hund bei verschiedenen Ca^{2+}-Konzentrationen Bei der Hypokalzämie sind die linksventrikulären Funktionskurven stark nach rechts und unten verschoben. Bei der Hypokalzämie ist also die Schlagarbeit bei jeder diastolischen Faserlänge kleiner als bei Normokalzämie. Bei der Hyperkalzämie hingegen sind die Funktionskurven nur leicht nach links und oben verschoben. Wie b zeigt, ist bei Hypokalzämie die Faserlänge für jeden entsprechenden Druck größer als bei Normokalzämie, bei Hyperkalzämie kleiner

der Ca^{2+}-Konzentration und der linksventrikulären Pumpfunktion zu untersuchen. Das Ergebnis wird in Abb. 19 gezeigt. Bei einer Ca^{2+}-Konzentration von 1,7 mmol/l war die Funktionskurve nur leicht nach links versetzt. Ganz im Gegensatz zu der nur minimalen Verbesserung der Pumpfunktion bei Hyperkalzämie steht die bedeutende Verschlechterung bei Hypokalzämie.

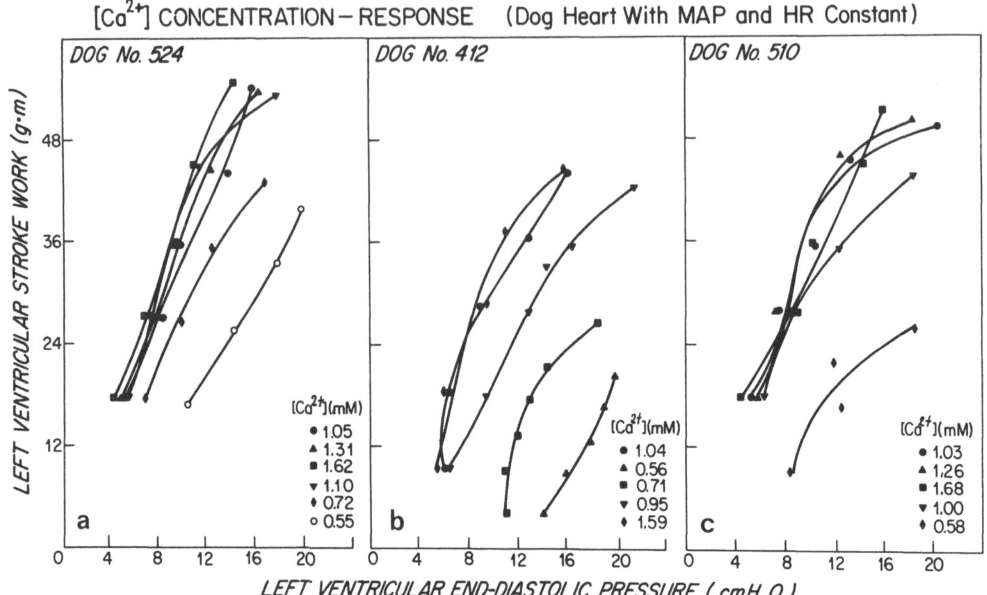

Abb. 20a–c. Linksventrikuläre Funktionskurven bei 5 verschiedenen Ca^{2+}-Konzentrationsplateaus bei konstantem Mitteldruck und konstanter Herzfrequenz. Unabhängig von der Reihenfolge der Kalziumplateaus (jeweils *unten rechts* angegeben) waren die Funktionskurven entsprechend den Ca^{2+}-Konzentrationen aufgefächert zwischen *rechts unten* (schwere Hypokalzämie) und *links oben* (schwere Hyperkalzämie)

Die Konzentration an ionisiertem Kalzium von 1,7 mmol/l wurde gewählt, um die höchsten bisher festgestellten klinischen Hyperkalzämien zu imitieren. Dieser Wert kann bei Patienten mit einer Normo- oder Hypokalzämie durch eine Bolusgabe in der üblichen Dosierung nicht erreicht werden. Die in der Klinik übliche Kalziuminjektion erhöht beim Menschen die Ca^{2+}-Konzentration um etwa 0,2 mmol/l [58, 60], so daß die zu erwartende Verbesserung durch Kalzium noch geringer ist als die oben beschriebene. Die Abb. 20 zeigt dies noch einmal in anderer Form. Bei 3 Hunden wurden linksventrikuläre Funktionskurven bei 5 verschiedenen Ca^{2+}-Konzentrationen gezeichnet. Unabhängig in welcher Reihenfolge diese Ca^{2+}-Konzentrationsplateaus erzeugt wurden, liegen die Kurven bei Normo- und Hyperkalzämie sehr eng zusammen. Die Kurve bei leichter Hyperkalzämie liegt dazwischen, was zeigt, daß die Verbesserung der Pumpfunktion auch etwas geringer war.

Die Resultate, die bei Menschen nach Kalziuminfusion gefunden wurden, stimmen mit den experimentellen Daten überein. Bei gesunden anästhesierten Freiwilligen war ein kurzdauernder Anstieg der Ca^{2+}-Konzentration (Bolusinjektion von 7 mg/kg KG $CaCl_2$) gefolgt von einem kurzdauernden Anstieg des Schlagvolumens. Der mittlere Aortendruck blieb unverändert. Obwohl der linksventrikuläre Füllungsdruck nicht gemessen wurde, deutete die Messung des systolischen Zeitintervalles auf eine verbesserte ventrikuläre Funktion hin [60]. Bei Patienten führte eine Kalziuminfusion (600 mg/m² Körperoberfläche) nach Beendigung des extrakorporalen Kreislaufes zu einem Anstieg des Schlagindex und Herzminutenindex von 10 bzw. 17%. Der mittlere Aortendruck stieg um 11% [126].

Es ist wichtig zu wissen, welchen Effekt eine Hyperkalzämie auf ein ischämisches Myokard hat, da in der Klinik in diesen Situationen häufig Kalzium gegeben wird. Beim Hund mit konstant gehaltenem Aortendruck und Herzfrequenz führt eine mechanische Unterbrechung des Ramus interventrikularis anterior (RIVA) zu einer schweren segmentalen Kontraktilitätsstörung. Das ischämische Gebiet kontrahiert sich später und nur wenig, so daß es zu einer Dyskinesie in diesem Gebiet kommt [270].

Wird nun das Tier unter diesen Voraussetzungen hyperkalzämisch gemacht ([Ca^{2+}] = 1,70 mmol/l), kommt es zu einer Verbesserung der globalen linksventrikulären Funktion, ähnlich wie beim nichtischämischen Myokard. Darüber hinaus kontrahiert sich das ischämische Gebiet besser, so daß die Dyskinesie verschwindet [94].

Hypokalzämie

Eine chronische Hypokalzämie tritt bei 0,6% der Bevölkerung auf, wie dies eine Untersuchung an 15000 Personen gezeigt hat [139]. In der Klinik führen folgende 3 Situationen zu einer Erniedrigung der Gesamtkalziumkonzentration: Entweder eine verminderte Kalziumaufnahme oder Kalziumresorption, wie dies bei Fehlernährung oder Malabsorption auftreten kann, oder eine gestörte Kalziumhomöostase, wie dies beim Hypoparathyreoidismus vorkommt, oder eine erhöhte Kalziumsequestration, wie dies bei einer akuten Pankreatitis vorliegen kann [288]. Eine akute Hypokalzämie kann bei Patienten aller Alterskategorien mit [33, 34, 56, 133–135, 222, 246, 256] oder ohne Bluttransfusionen [37, 39, 248, 255, 268, 276, 277, 280] auftreten.

Obwohl man normalerweise unter dem Ausdruck Hypokalzämie eine erniedrigte Gesamtkalziumkonzentration versteht, können schwere Störungen im Gleichgewicht der Konzentration an ionisiertem Kalzium ohne nennenswerte Veränderungen des Gehaltes an Gesamtkalzium auftreten [66, 88, 155, 156]. Dieses unterschiedliche Verhalten der beiden Kalziumfraktionen kann mit Hilfe von In-vitro-Untersuchungen gezeigt werden. Eine Verschiebung des pH-Wertes [70] oder eine Veränderung der Proteinkonzentration oder der Proteinzusammensetzung [72] führt zu Schwankungen der Konzentration des ionisierten Kalziums, ohne daß sich die totale Ca^{2+}-Konzentration ändert. Das wohl bekannteste Beispiel dafür ist die Diskrepanz zwischen der Konzentration an ionisiertem und totalem Kalzium bei Empfängern von rasch infundiertem Zitratblut [33, 34, 134, 135, 147, 246, 264] oder Albuminlösungen [134].

Eine niedrige Konzentration an ionisiertem Kalzium findet man auch bei septischen Patienten [269], bei Patienten mit tiefem Herzminutenvolumen [10, 66, 263], während [197] oder nach [8] Beendigung des extrakorporalen Kreislaufes und bei Hämodialysepatienten (Abb. 14) [90, 210].

Ein plötzlicher Abfall der Konzentration des ionisierten Kalziums im Blut ist von Bedeutung, da es dabei sowohl zu einer Verschlechterung der peripheren Hämodynamik als auch der Herzleistung kommt [46, 256].

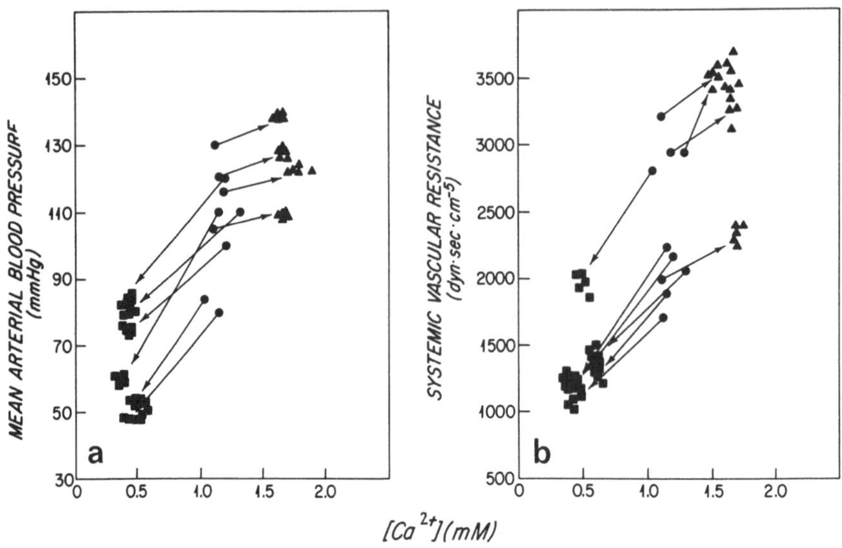

Abb. 21a, b. Veränderung des arteriellen Mitteldruckes (a) und des peripheren Gefäßwiderstandes (b) bei konstanter Hypo- bzw. Hyperkalzämie. Jeder *Punkt* bedeutet einen Kontrollwert, die hypokalzämischen Werte sind mit einem *Viereck* (jeweils der 10-, 25-, 40- und 60-min-Wert), die hyperkalzämischen Werte (gleiche Zeitintervalle) als *Dreiecke* dargestellt [243]

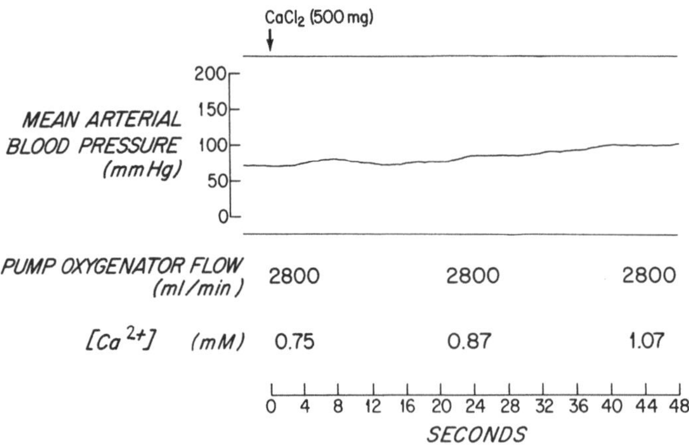

Abb. 22. Erhöhung des peripheren Gefäßwiderstandes nach Kalziumchloridinfusion. Trotz gleichem Fluß an der Herz-Lungen-Maschine stieg nach 500 mg CaCl₂ bei diesem 53jährigen Mann während eines Mitralklappenersatzes der Blutdruck an [69]

Hämodynamische Auswirkungen

Als Ursache für den tiefen Blutdruck bei Hypokalzämie wurde in älteren [33, 34, 118] wie auch neueren [59, 275] Artikeln die veränderte Herzleistung angegeben. Der Einfluß einer niedrigen Konzentration an ionisiertem Kalzium auf den Tonus der peripheren Gefäße darf aber nicht übersehen werden [111]. Untersuchungen an Hunden [33, 34, 68, 184, 240, 243] und auch an Menschen [17, 34, 39, 264] haben gezeigt, daß eine Hypokalzämie (abgeleitet aus einem hohen Zitratgehalt oder durch direkte Messung der Ca^{2+}-Konzentration) in Zusammenhang mit einer Funktionsverminderung sowohl des Herzens als auch der peripheren Zirkulation (Abb. 21 u. 22) steht. Untersuchungen an isolierten peripheren Gefäßen haben ebenfalls bestätigt, daß der Gefäßtonus bei Hypokalzämie abnimmt [89, 123, 186]. Dies ist auch der Wirkungsmechanismus der neuen Medikamentengruppe, der sog. Kalziumantagonisten, die immer häufiger zur Behandlung von hypertensiven Patienten eingesetzt werden [11, 84, 109, 153, 162, 191].

Der erniedrigte Gefäßtonus ist wichtig, da er mitverantwortlich ist für den tiefen Blutdruck und die Herzarbeit [259] und -funktion [47] mitbeeinflußt.

Eine kurzdauernde, akute Hypokalzämie verursacht einen geringen kurzfristigen Anstieg der Herzfrequenz [68].

Myokardiale Kontraktilität

Vor über 20 Jahren haben Bunker et al. [33, 34] einen starken Abfall von verschiedenen Parametern der Herzfunktion bei Patienten beobachtet, die einen erhöhten Blutzitratspiegel aufwiesen, und führten den Begriff der Zitratintoxikation ein [33].

Ob überhaupt eine Zitratintoxikation vorkommen kann, wurde mehrmals in Frage gestellt [129, 131, 133, 135]. Daß es aber nach Massentransfusionen zu einer ionisierten Hypokalzämie kommen kann, wurde sowohl beim Tier [68, 140, 147, 240, 264] als auch beim Erwachsenen [56, 124, 134, 135, 264] und beim Kind nach Austauschtransfusionen [88, 95, 222] mehrmals bestätigt. Im Tierexperiment haben wir gezeigt, daß die gleichzeitige Gabe von Zitrat und Kalzium (d. h. Zitratgabe ohne Hypokalzämie) keinen Einfluß auf die Hämodynamik hat (Abb. 23) [264].

Von verschiedenen Autoren wurden die hämodynamischen Veränderungen bei Patienten nach Bluttransfusionen als klinisch irrelevant beschrieben [134, 135]. Dazu muß gesagt werden, daß für die daraus resultierende Hypokalzämie die Geschwindigkeit, mit der das Zitratblut verabreicht wird, wichtiger ist als die Gesamtmenge. Dies wurde bereits 1955 von Bunker [32] postuliert. Es können große Mengen Zitratblut langsam gegeben werden, ohne daß es zu einer Hypokalzämie kommt [3], wohingegen die rasche Verabreichung, d. h. Transfusionsgeschwindigkeiten von 1,5 ml/kg KG/min, zu schweren Störungen des Kalziumgleichgewichtes führt (Abb. 24) [32]. Bei Kindern muß die gegebene Blutmenge immer im Verhältnis zum zirkulierenden Blutvolumen gesehen werden. Es kommt deshalb bei Kindern bei größeren Eingriffen, wo etwa 3mal das Blutvolumen ausgetauscht wird, ohne Kalziumgabe zu Konzentrationen an ionisiertem Kalzium von 0,2–0,4 mmol/l [56]. Diese Werte der Ca^{2+}-Konzentration liegen bereits bedeutend tiefer als die 0,5 mmol/l, die beim Froschherz zum Sistieren der Herzaktion führten [151, 186].

In einem neueren Textbuch für Intensivmedizin [117] wird behauptet, daß Blut, in CPD („citrate phosphate dextrose") aufbewahrt, weniger starke Hypokalzämien verursache als Blut

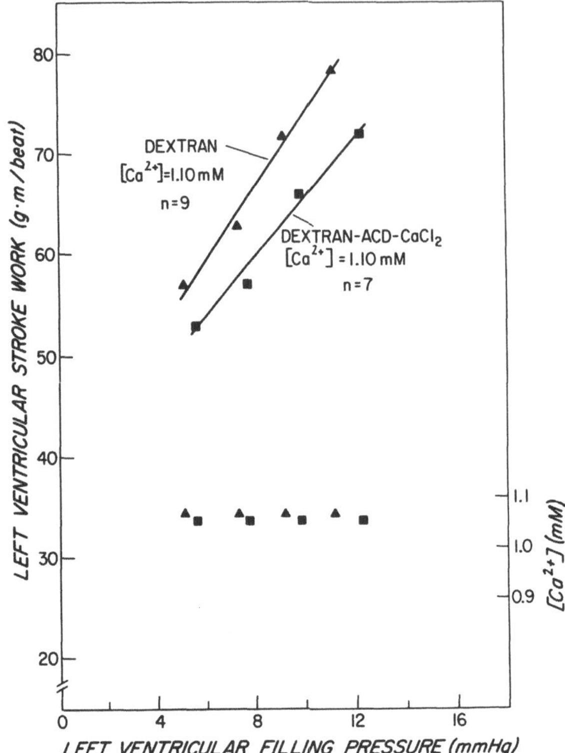

Abb. 23. Vergleich der hämodynamischen Veränderungen nach Volumenbelastung mit Dextran oder Dextran + ACD + CaCl₂. Es ist klar ersichtlich, daß ACD ohne gleichzeitige Hypokalzämie keinen negativen Einfluß auf die Hämodynamik hat

in ACD-Beuteln („acid citrate dextrose"). Wir sind dieser Frage nachgegangen und haben am Hund zeigen können, daß zwischen diesen beiden Zitratsubstanzen kein Unterschied bezüglich ihrer Affinität gegenüber dem Kalziumion besteht, und daß die Hämodynamik von beiden Lösungen genau gleich beeinflußt wird (Abb. 25) [68].

Untersuchungen am Hund [27, 51, 68, 71, 210, 264] haben gezeigt, daß eine Hypokalzämie mit einer Verschlechterung der Herzfunktion einhergeht. Im Rahmen der klinisch möglichen Hypokalzämien ist der log $[Ca^{2+}]$ und dp/dt linear (Abb. 20) [27].

Die Pumpfunktion des Herzens verschlechterte sich beim anästhesierten Hund während einer konstant gehaltenen Hypokalzämie ($[Ca^{2+}]$ = 0,47 mmol/l), wie dies aus der Verlagerung der linksventrikulären Funktionskurve nach rechts und unten gegenüber der Kurve bei Normokalzämie hervorgeht [51, 210, 264]. Die Funktionskurve wurde flach, d. h. es kam zu keinem Anstieg der Herzarbeit trotz Erhöhung des Füllungsdruckes, wenn zusätzlich eine β-Blockade mit Propranolol durchgeführt wurde [264]. Daraus geht hervor, daß bei gleichzeitiger Hypokalzämie die Empfindlichkeit des Herzens für β-Blocker zunimmt (Abb. 26).

Im Hundeexperiment, bei konstant gehaltenem arteriellem Blutdruck, führt eine Hypokalzämie ($[Ca^{2+}]$ = 0,58 mmol/l) zu einer Abnahme des Schlagvolumens bei gleichem enddiastolischem Druck bzw. enddiastolischer Faserlänge von 52 bzw. 69% [71].

Diese starke Abnahme der Herzleistung bei Hypokalzämie steht sehr im Gegensatz zu der nur geringen Verbesserung bei Hyperkalzämie, obwohl die Abweichung vom Wert der normalen Ca^{2+}-Konzentration in beide Richtungen etwa gleich groß ist. Diese Befunde ließen darauf

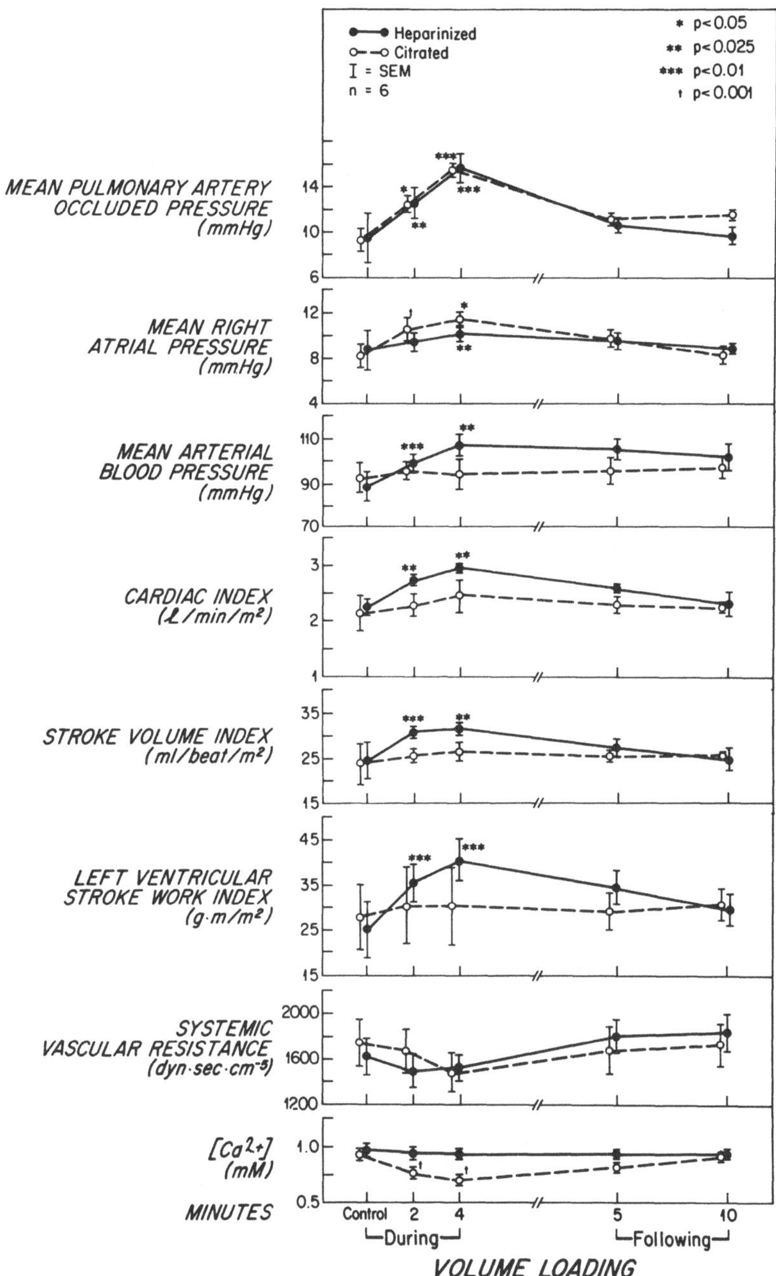

Abb. 24. Resultate während autologer Bluttransfusion (entweder in Zitrat oder Heparin aufbewahrt) bei Patienten nach Beendigung des extrakorporalen Bypasses. Während der Infusion des Zitratblutes kam es zu einer kurzdauernden Hypokalzämie und zu einer schlechteren hämodynamischen Antwort auf die Volumensubstitution [264]

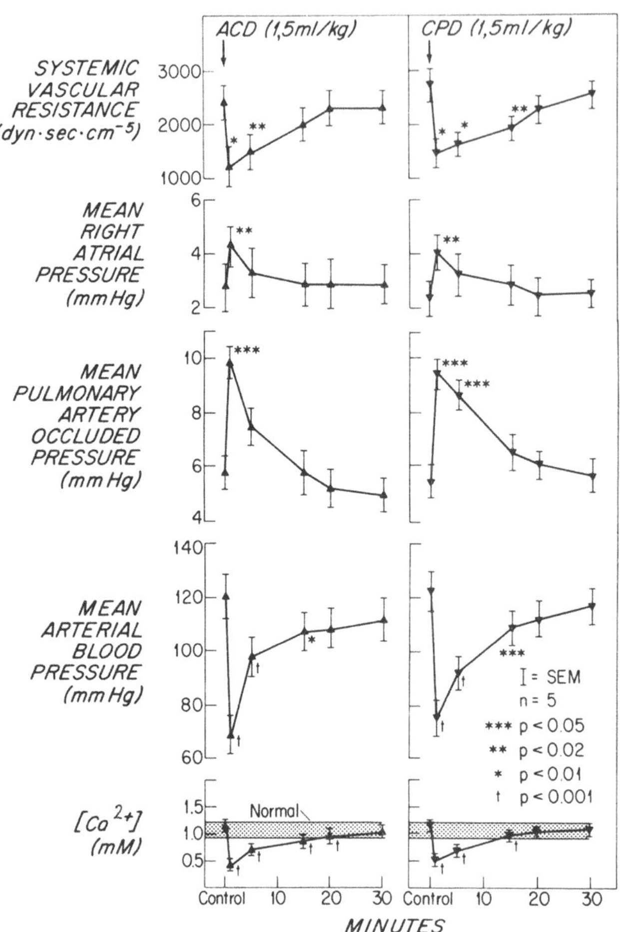

Abb. 25. Hämodynamische Veränderungen einer kurzzeitigen Hypokalzämie. Der mittlere Aortendruck fiel bei gleichbleibendem Herzminutenvolumen ab, so daß der Abfall des Gefäßwiderstandes die Hauptursache für den Blutdruckabfall war. Diese Veränderungen sind unabhängig von der Art der infundierten Zitratlösung (*links* ACD, *rechts* CPD) [68]

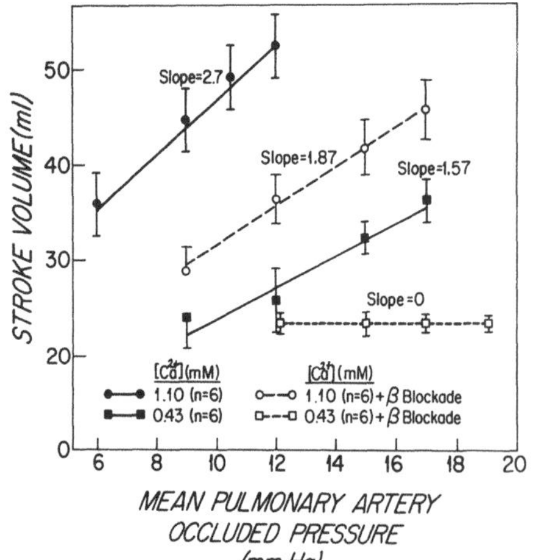

Abb. 26. Linksventrikuläre Funktionskurven bei 2 verschiedenen, konstant gehaltenen Ca²⁺-Konzentrationen vor und nach β-Blockade. Die Funktionskurve bei Hypokalzämie und gleichzeitiger β-Blockade ist nicht nur nach rechts unten verlagert, sondern wird flach, d. h. trotz enormen Anstiegs des Füllungsdruckes nimmt das Schlagvolumen nicht mehr zu [264]

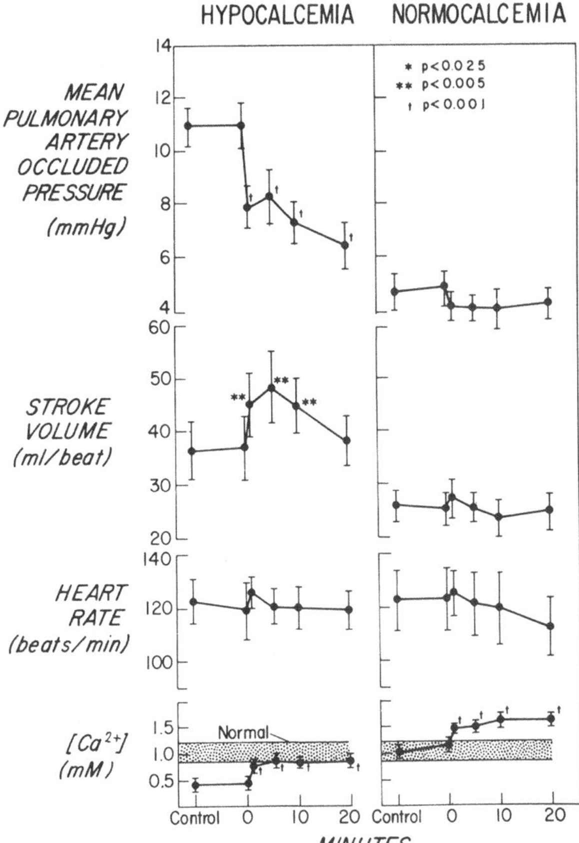

Abb. 27. Hämodynamische Auswirkungen einer CaCl₂-Injektion bei tiefer (*links*) und normaler (*rechts*) Ca²⁺-Konzentration beim intakten Tier. Ist die Ca²⁺-Konzentration niedrig, führt eine Kalziumgabe zu einem Anstieg des Herzminutenvolumens, was wiederum zu einem Anstieg des mittleren Aortendruckes führt. Ist die Ca²⁺Konzentration normal, steigt der Blutdruck infolge einer Erhöhung des peripheren Gefäßwiderstandes [69]

schließen, daß es entscheidend ist, wie hoch die Ca²⁺-Konzentration im Moment ist, wo Kalzium gegeben wird. Wir haben deshalb bei 2 Gruppen von Hunden 12 mg/kg KG Kalzium als Bolus verabreicht [69]. Die erste Gruppe war vor der Injektion normokalzämisch, die zweite hypokalzämisch.

In beiden Gruppen stieg der Blutdruck an, wobei dies bei den Hunden der ersten Gruppe v. a. auf eine Zunahme des systemischen Widerstandes zurückzuführen war. In der zweiten Gruppe war die Zunahme des Schlagvolumens dafür verantwortlich (Abb. 27). In einer Untersuchung [71], bei der der Aortendruck, die Herzfrequenz und das Herzminutenvolumen der Tiere konstant gehalten werden konnte, nahmen der enddiastolische Druck und die enddiastolische Faserlänge der linken Kammer bei den Tieren, die im Moment der Kalziumgabe hypokalzämisch waren, stärker ab (Abb. 18). Der Anstieg von dp/dt war hingegen in beiden Gruppen identisch. Bei konstant gehaltenem mittlerem Aortendruck und Herzfrequenz war der Anstieg der Schlagarbeit, bei jedem untersuchten enddiastolischen Druck, bei vorbestehender Hypokalzämie größer als bei Normokalzämie.

Alle diese Untersuchungen zusammen haben gezeigt, daß es entscheidend ist, die Ca²⁺-Konzentration im Blut zu kennen, bevor man Kalzium gibt.

Die Resultate, die beim Menschen gefunden wurden, stimmen mit den tierexperimentellen Daten überein. Eine kurzdauernde Hypokalzämie, wie sie z. B. nach Zitratblutgabe vorkommt, führt zu einer vorübergehenden Verschlechterung der Hämodynamik, wie dies in Abb. 24 gezeigt wird [34, 36, 51, 56, 63, 124, 129, 133–135, 210, 246, 256, 280].

Eine Hypokalzämie hat auf das ischämische Herz, wenn man die globale Funktion betrachtet, genau die gleiche hämodynamische Auswirkung. Regional allerdings wird die Dyskinesie des ischämischen Segmentes noch verstärkt [94].

Eine Hypokalzämie erhöht beim Hund die Koronardurchblutung trotz Abfall von dp/dt, d. h. trotz Abfall des myokardialen Sauerstoffbedarfs. Sowohl die Koronardurchblutung als auch dp/dt wurden bei konstantem Aortendruck, Herzfrequenz und Herzminutenvolumen gemessen, so daß es sich um eine aktive Koronardilatation handeln muß [71]. Diese Beobachtung deckt sich sehr gut mit den klinischen Erfahrungen mit Kalziumantagonisten, wie z. B. Nifedipin oder Verapamil, die ebenfalls eine koronardilatierende Wirkung besitzen [25, 86, 109, 290].

Sauerstoffverbrauch des Myokards

Jede Steigerung der Herzleistung führt zu einer Erhöhung des Sauerstoffverbrauchs des Myokards [22, 23, 44, 48, 188, 260, 281]. Sowohl Kalzium als auch Isoproterenol werden in der Klinik benützt, um eine durch Hypokalzämie bedingte Einschränkung der Herzfunktion zu normalisieren. Es lag deshalb auf der Hand, den myokardialen Sauerstoffverbrauch einer Kalziuminjektion mit der einer Katecholamininfusion zu vergleichen. Im Tierexperiment konnten wir zeigen, daß das Myokard in dieser Situation nach Gabe von Isoproterenol beinahe 3mal so viel Sauerstoff aufnimmt wie nach Verabreichung von Kalzium [16]. Es ist anzunehmen, daß diese erhöhte Sauerstoffaufnahme auch nach Gabe von anderen Katecholaminen auftritt [281].

Dieser Unterschied des myokardialen Sauerstoffverbrauchs ist klinisch wichtig bei der Behandlung eines Patienten mit koronarer Herzkrankheit, besonders wenn sein Herz durch eine Hypokalzämie in seiner Leistung eingeschränkt ist.

Klinische Indikationen für Kalzium

Kalzium wird im Operationssaal und auf der Intensivstation hauptsächlich aus 3 Gründen eingesetzt. Am häufigsten soll mit diesem Medikament die Herz-Kreislauf-Situation, unabhängig davon, ob nun eine Hypokalzämie besteht oder nicht, verbessert werden [2, 51, 93, 126, 138, 273, 274]. Bei unerwünschten Nebenwirkungen von Kalziumantagonisten [58, 112, 113, 215] und zur Behandlung einer hypokalzämischen Tetanie [67] wird Kalzium ebenfalls eingesetzt. In diesem Zusammenhang soll noch einmal darauf hingewiesen werden, daß die klassischen Zeichen oder Symptome einer hypokalzämischen Tetanie oft schwierig zu erkennen sind [33, 95, 139, 161, 248, 275, 284]. Um einen Eindruck über die klinische Anwendung von Kalzium in einem großen Spital zu bekommen, haben wir nachgeforscht, wie die 40000 Kalziumchloridampullen, die in der Apotheke des Massachusetts General Hospital jährlich hergestellt werden, verbraucht werden. 2500 davon werden für den intraoperativen Gebrauch bei Herzoperationen (ca. 1200/Jahr), 5000 für den Gebrauch bei anderen operativen Eingriffen (ca. 22000/Jahr) verwendet.

Herz-Kreislauf-Unterstützung

Wie weiter oben beschrieben wurde, hat Kalzium nur eine positiv inotrope Wirkung, wenn es bei vorbestehender Hypokalzämie gegeben wird. Dann steigt das Schlagvolumen an bei einem gleichzeitigen Absinken des Füllungsdrucks.

Eine Kalziumgabe bei Normokalzämie kann ebenfalls zu einer Blutdruckerhöhung führen. Dieser Anstieg ist aber bedingt durch eine periphere Vasokonstriktion und nicht durch eine Zunahme des Herzminutenvolumens.

Bei intensivpflegebedürftigen Patienten oder bei Patienten mit einer vorbestehenden koronaren Herzkrankheit ist es deshalb entscheidend, vor einer Kalziuminjektion zu wissen, wie hoch das ionisierte Kalzium ist. Bei einem Patienten mit schwerer Koronarsklerose kann eine Kalziuminjektion bei vorbestehender Normokalzämie zu einer Myokardischämie führen, da durch die periphere Widerstandserhöhung und den damit verbundenen Anstieg des Afterloads der Sauerstoffverbrauch des Myokards zunimmt, ohne daß die Koronarperfusion verbessert wird. Beim selben Patienten kann aber eine Kalziuminjektion bei vorbestehender Hypokalzämie zu einem Verschwinden der Myokardischämie führen, da dann durch das Absinken des Füllungsdrucks die Wandspannung verringert wird bei gleichzeitiger Erhöhung der koronaren Perfusion.

Wenn die ionisierte Kalziumkonzentration im Blut nicht gemessen werden kann und wenn Unsicherheiten bestehen, ob Kalzium gegeben werden soll, muß man daran denken, daß Patienten mit schlechtem Herzminutenvolumen ein tiefes ionisiertes Kalzium haben [66]. Bei Pati-

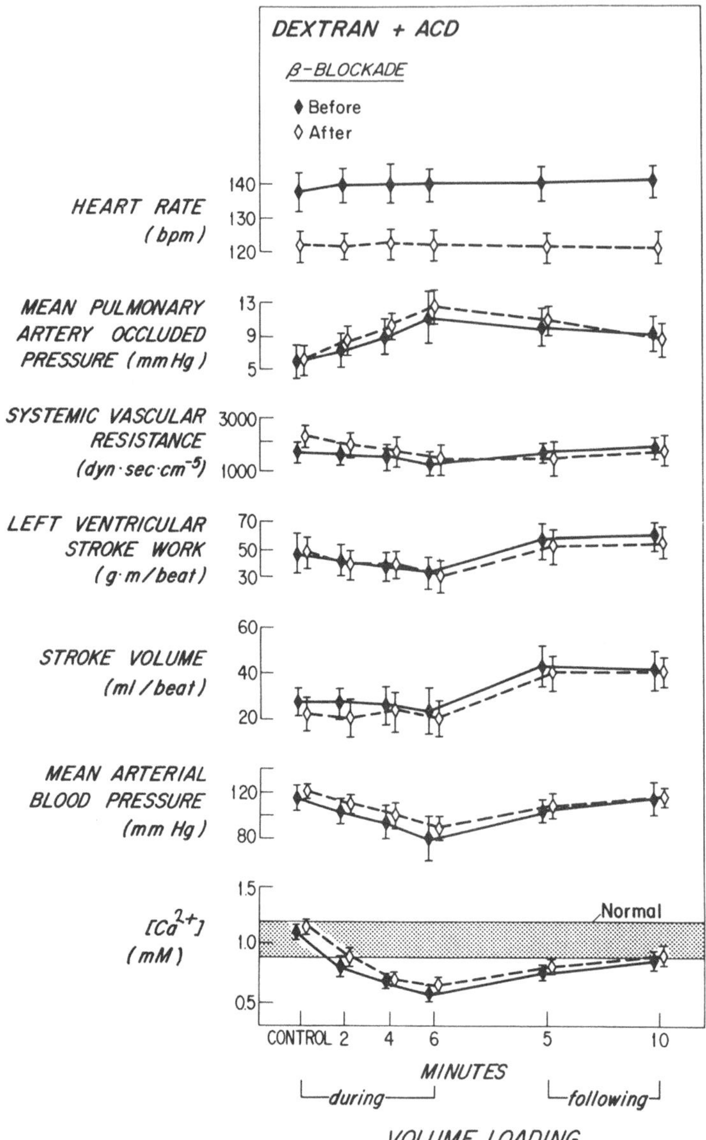

Abb. 28. Hämodynamischer Effekt einer Volumenbelastung mit Dextran-ACD vor und nach β-Blockade. Trotz starken Anstieges des linksventrikulären Füllungsdruckes kommt es zu einem Abfall des mittleren Aortendruckes wegen der gleichzeitigen Hypokalzämie. Das Schlagvolumen verbesserte sich erst mit der Normalisierung der Ca²⁺-Konzentration [264]

enten mit klinischen Zeichen eines „low flow state" darf Kalzium ohne vorherige Messung
gegeben werden.

Injektion von Kalzium während oder nach Transfusionen von Zitratblut oder Plasma

Der Anstieg der Ca^{2+}-Konzentration nach einer Kalziumbolusinjektion ist beim Menschen
[60, 167] wie auch bei Versuchstieren [240] von nur kurzer Dauer. So könnte eine Kalziumbolusinjektion bei einer akuten, kurzdauernden Hypokalzämie, wie sie bei raschen Bluttransfusionen auftreten kann (Abb. 28), von gewissem Nutzen sein [51, 210]. Sie wird aber trotzdem nicht als routinemäßiges Procedere empfohlen.

Es besteht nämlich eine Kontroverse bezüglich der Verabreichung von Kalzium während
der Transfusion von Zitratblut. Nach der Auffassung der einen sollte eine Kalziumersatztherapie routinemäßig durchgeführt werden. Es wird empfohlen, pro 2–3 Einheiten transfundierten
Zitratblutes 1 g Kalziumgluconat [2] oder 1 g Kalziumchlorid [49] zu verabreichen (Tabelle 2).

Die anderen hingegen finden eine Kalziuminjektion bei Patienten, die eine große Menge
Zitratvollblut erhalten, kontraindiziert. Sie berufen sich auf eine Studie, die gezeigt hat, daß
bei den chirurgischen Patienten, die Kalziumchlorid erhalten haben, häufiger Todesfälle zu
verzeichnen waren, als bei denen, die keines bekamen [132]. Obwohl bei einem Patienten,
dem innerhalb von 3 min 2,7 g Kalziumchlorid verabreicht wurde [45], eine erhöhte ventrikuläre Irritabilität auftrat und obwohl Kammerflimmern nach Kalziumersatz während rascher
Bluttransfusionen beschrieben ist [130], darf angenommen werden, daß diese Rhythmusstörungen nicht auf die Kalziuminfusion per se zurückzuführen sind, sondern eher auf die Kombination von Hypovolämie, Kalziuminfusion und Hypothermie [5, 20]. Auch aus diesem Grund
sollte bei Massentransfusionen das Blut gewärmt werden [135, 246]. In diesem Konflikt, ob
Kalzium in dieser Situation gegeben werden soll oder nicht, erscheint uns eine Zwischenlösung
als die beste. Wenn man sieht (Abb. 24 u. 28), wie kurz die Hypokalzämie dauert, ist eine
routinemäßige Verabreichung von Kalzium nicht gerechtfertigt, insbesondere seit wir wissen,
was für hämodynamische Auswirkungen eine Hyperkalzämie hat [249]. Kalzium muß aber
gegeben werden, wenn über längere Zeit sehr rasch Zitratblut transfundiert werden muß. Wir
empfehlen eine Kalziuminjektion, wenn die Transfusionsmenge für mehr als 5 min 1,5 ml/kg
KG/min übersteigt. Unter spezifischen klinischen Bedingungen, wie bei Leberparenchymschä-
den [33] und Hypothermie [192], die beide zu einem erniedrigten Zitratabbau führen, ist
Kalzium ebenfalls gerechtfertigt.

Auf Grund unserer tierexperimentellen Ergebnisse [240, 242, 246] muß angenommen
werden, daß eine Hypokalzämie bei Patienten, die mit β-Blockern behandelt wurden, zu einer
verstärkten Kardiodepression führt, so daß sich bei solchen Patienten eine Kalziumgabe bereits nach kleineren Transfusionsmengen aufdrängt (Abb. 26 u. 29). Darüber hinaus ist die Anwendung von Kalzium bei ausgedehnten chirurgischen Eingriffen in der Pädiatrie gerechtfertigt [56], wenn der Blutverlust und -ersatz immer an Hand des geschätzten zirkulierenden
Blutvolumens berechnet werden muß, und während Austauschtransfusionen bei Neugebore-
nen [88, 95, 222]. Die genaue Dosierung und der Zeitpunkt der Kalziuminjektion, die zur
Normalisierung der abgefallenen Ca^{2+}-Konzentration führen, benötigen immer noch eine
genauere Definition (vgl. Tabelle 3).

Tabelle 2. Empfohlene Dosierung von Kalziumpräparaten bei Erwachsenen

Autoren	Kalziumpräparat	Dosierung	Bemerkungen
Während Transfusion von Zitratblut			
Howland et al. [132]	Kalziumchlorid	Kalzium wird nicht empfohlen	Erhöhte Mortalität
Trunkey et al. [273]	Kalziumchlorid	1 g/1500 ml transfundiertem Zitratblut	
Allen [3]	Kalziumgluconat	1 g/1000–1500 ml transfundiertem Zitratblut	
Wylie u. Churchill-Davidson [298]	Kalziumgluconat	0,5 g/500 ml transfundiertem Zitratblut	
Andere Indikationen			
Trunkey et al. [274]	Kalziumchlorid	Bei schwerkranken Patienten versuchen, Ca^{2+}-Konzentration im Blut zu normalisieren	Häufige Messungen der Ca^{2+}-Konzentration
Kaplan [141]	Kalziumchlorid	500–1000 mg 10–20 mg/kg KG	Beim Weggehen vom Herz-Lungen-Bypass Bei Asystolie
d'Hollander et al. [126]	Kalziumchlorid	600 mg/m^2 Körperoberfläche über 30 s	Beim Weggehen vom Herz-Lungen-Bypass
Braunwald [26]	Kalziumgluconat	1 g oder	
	Kalziumchlorid	250–500 mg	Bei Asystolie

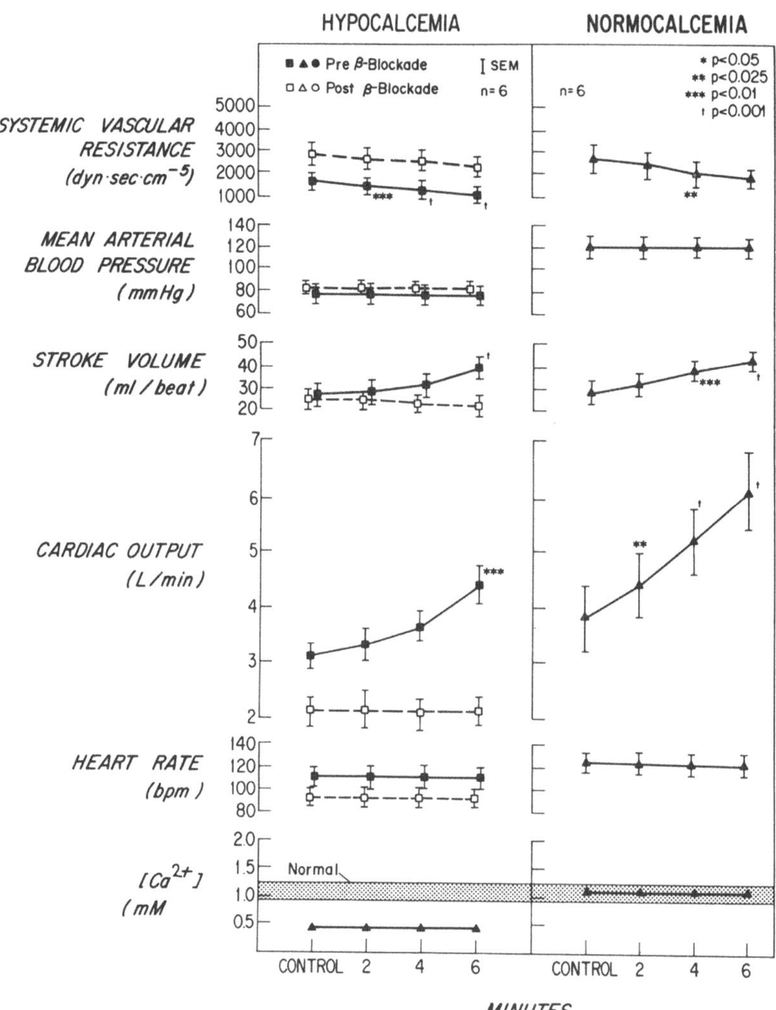

Abb. 29. Volumenbelastung bei Hypo- und Normokalzämie vor und nach β-Blockade. Arterieller Druck und Herzfrequenz blieben bei beiden Ca²⁺-Konzentrationen stabil. Der Anstieg des Herzminutenvolumens hingegen ist bei Hypokalzämie bedeutend kleiner [264]

Andere Indikationen für Kalzium

In der Herzchirurgie wird Kalzium an vielen Orten der Ausgangslösung der Herz-Lungen-Maschine beigemischt [197]. Häufig wird es aber erst nach erfolgter Trennung vom extrakorporalen Kreislauf dem Patienten injiziert [91, 138, 141, 196]. Immer ist es als Therapie eines sich schlecht kontrahierenden Ventrikels gedacht. Im Idealfall sollte die ionisierte Kalziumkonzentration bei den Patienten unmittelbar nach Trennung von der Herz-Lungen-Maschine in jedem herzchirurgischen Zentrum einmal bestimmt werden, da die Werte je nach der Ausgangslösung, die in der Maschine verwendet wird, unterschiedlich sein können. Bei den von

Tabelle 3. Empfohlene Dosierung von Kalziumpräparaten bei Kindern

Autoren	Kalziumpräparat	Dosierung	Bemerkungen	
Während Transfusion von Zitratblut				
Schroeder et al. [246]	Kalziumgluconat 10%	1 ml für die ersten 100 ml transfundiertem Blut, dann 0,75 ml/100 ml	Bis auf 2 Kinder hatten alle einen Blutersatz von mehr als 50% des Blutvolumens	Kinder
Das et al. [56]	Kalziumgluconat 10%	1 ml/100 ml Zitratblut	Dosierung konnte schwere Hypokalzämien nicht verhindern	Neugeborene
Smith [254]	Kalziumgluconat 10%	1 ml/200 ml Zitratblut		Neugeborene und Kinder
Austauschtransfusion bei Neugeborenen				
Burton et al. [36]	Kalziumgluconat 10%	1 ml/150 ml mit einer Geschwindigkeit von 100 ml/min ausgetauschten Blutes		Neugeborene
Friedman et al. [88]	Kalziumgluconat 2%	5 ml/100 ml ausgetauschten Blutes		Neugeborene
Gerschanik et al. [95]	Kalziumgluconat 10%	1 ml/100 ml ausgetauschten Blutes	Dosierung konnte schwere Hypokalzämien nicht verhindern	Neugeborene
Radde et al. [222]	Kalziumgluconat 2%	5 ml/100 ml ausgetauschten Blutes		Neugeborene
Andere Indikationen				
Moffitt et al. [196]	Kalziumchlorid 10%	500 mg	Der mit Zitratblut gefüllten Herz-Lungen-Maschine beigegeben	Kinder
Levin [169]	Kalziumgluconat 10%	10 mg/kg KG i.v.	Behandlung eines Herzstillstandes	Neugeborene und Kinder
Steward [263]	Kalziumgluconat 10%	10 mg/kg KG i.v.	Behandlung eines Herzstillstandes	Neugeborene und Kinder

uns gemessenen Patienten ist die ionisierte Kalziumkonzentration um 0,3 mmol/l gesunken. Im Hinblick auf den gestörten Kalziumaustausch („stone heart") beim hypertrophierten Herzen sollte bei gewissen Patienten mit Aortenstenose und stark vergrößertem linkem Ventrikel [50] auf eine Kalziuminfusion verzichtet werden. Die gleiche Frage stellt sich bei Patienten, die wegen Koronarspasmen Kalziumantagonisten nehmen müssen. Dort muß das ionisierte Kalzium am Ende der herzchirurgischen Operation vorsichtig auf seinen Normalwert zurückgebracht werden. Überdosierungen können bei diesen Patienten gefährlich sein.

Mit Kalzium wurde auch versucht, die kardiodepressive Wirkung einer Beatmung mit positiv endexspiratorischem Druck rückgängig zu machen. Diese Maßnahme brachte nur in 30% der Fälle einen zudem nur sehr kurzdauernden Erfolg [93]. Für Patienten im Schock wurde die Kalziumersatztherapie als Teil der Reanimationsmaßnahmen vorgeschlagen [274].

Die Injektion von Kalzium gehört zur Standardtherapie bei asystolischem Herzstillstand [26, 49, 127, 141, 146, 296]. Die Nützlichkeit von Kalzium in diesen Situationen hängt mit seiner wichtigen Rolle in der elektromechanischen Koppelung zusammen. In 80% aller Asystolien wird nämlich eine elektromechanische Dissoziation als Hauptursache vermutet [49]. Solange keine Messungen über die ionisierte Kalziumkonzentration im Blut von Patienten während eines Herzstillstandes vorliegen, kann die Frage, ob Kalzium in jedem Fall gegeben werden soll, nicht endgültig geklärt werden. Es wäre denkbar, daß durch das Sistieren des Kreislaufs die ionisierte Kalziumkonzentration absinkt, ähnlich wie beim „low flow state". Dann bleibt Kalzium die Droge der Wahl, weil wir gleichzeitig den positiv inotropen Effekt ausnützen könnten. Bleibt in diesen Situationen die Kalziumkonzentration aber normal, muß Kalzium als Reanimationsmedikament vielleicht in Frage gestellt werden. Kalzium kann auch verwendet werden, um die blutdrucksenkende Wirkung der Kalziumantagonisten aufzuheben [58, 112, 113, 215].

Die oben angeführten Indikationen für den Gebrauch von Kalzium, die alle zum Ziel haben, die hämodynamische Situation zu verbessern, werden immer wieder in Frage gestellt, durch die häufig geäußerte Ansicht, daß Kalzium bei den meisten Patienten nur einen minimalen Effekt habe [8, 38, 134, 135]. Abgesehen davon, daß in einer dieser Studien gar kein Vergleich zwischen der Hämodynamik bei Normo- und Hypokalzämie [135] gemacht wurde, ist natürlich mehrfach bestätigt worden, daß Kalziuminjektionen nur eine sehr kurzdauernde Wirkung zeigen [60, 102, 126, 167, 240] (vgl. Abb. 15). Zudem konnten wir zeigen, daß es von großer Wichtigkeit ist, die Kalziumkonzentration im Blut zu kennen, bevor man mit einer Kalziumtherapie beginnt (Abb. 27 u. 18) [68, 71].

Obwohl Kalziumionen für die Blutkoagulation unerläßlich sind, werden Kalziuminfusionen bei der Behandlung von Gerinnungsstörugnen nicht eingesetzt [101].

Kalziumpräparate

Zu den am häufigsten verwendeten Kalziumpräparaten gehören Kalziumchlorid (Kalziumanteil 27%), Kalziumgluconat (Kalziumanteil 9%) und Kalziumgluceptat (Kalziumanteil 18%). Die Dosierung dieser Kalziumpräparate darf nicht aufgrund ihres eigentlichen Kalziumgehaltes gemacht werden, da daraus weder auf die Konzentration der Kalziumionen, noch auf den Anstieg der Ca^{2+}-Konzentration im Patientenblut nach intravenöser Gabe dieser Präparate geschlossen werden kann. Der Effekt der verschiedenen Präparate darf erst dann miteinander verglichen werden, wenn nach Injektion die gleiche Konzentration an ionisiertem Kalzium beim Empfänger gemessen wird.

Kalziumgluceptat wurde von verschiedenen Autoren als das ungefährlichste Präparat angesehen, da bei seiner Verwendung seltener Arrhythmien beschrieben worden sind. Die Sicherheit der verschiedenen Präparate hängt aber nur von der Gesamtkalziummmenge ab, die verabreicht wird, von der biologischen Verfügbarkeit der Kalziumionen in den verschiedenen Lösungen, von der Infusionsgeschwindigkeit und vom zirkulierenden Blutvolumen beim Empfänger.

Sie hängt also, anders gesagt, von der Anstiegsgeschwindigkeit der Ca^{2+}-Konzentration beim Empfänger ab. Die Gesamtmenge an Kalzium und die biologische Verfügbarkeit der Kalziumionen sind beim Chlorid am höchsten, da das Kalzium vorwiegend in seiner freien ionisierten Form vorliegt.

Wirkungsunterschiede von verschiedenen Kalziumsalzen

Die 3 am meisten angewendeten Kalziumpräparate wurden miteinander verglichen [121, 292]. Jedes Präparat wurde an 5 Patienten untersucht, indem es bei einer Herzoperation während 2 min dem extrakorporalen Kreislauf zugegeben wurde [292]. Die Zugabe von Kalziumchlorid (10 ml) in die Herz-Lungen-Maschine bewirkt einen stärkeren Anstieg der gemessenen Ca^{2+}-Konzentration als eine Zugabe von Kalziumgluconat (30 ml), wobei dieses wiederum einen stärkeren Anstieg als Kalziumgluceptat (15 ml) erzeugte. Die hämodynamischen Auswirkungen einer Kalziumchloridinjektion waren größer als die einer Kalziumgluconatgabe [121].

Eine Untersuchung an hypokalzämischen Patienten, bei denen in randomisierter Reihenfolge kommerziell erhältliches Kalziumchlorid und Kalziumgluceptat verabreicht wurde, hat anhand des Anstiegs der Ca^{2+}-Konzentration gezeigt, daß 10 ml Kalziumchlorid, infundiert über 5 min, 20 ml Kalziumgluceptat entsprechen (Abb. 30).

Spezielle Vorteile eines Kalziumpräparates gegenüber einem anderen konnten nicht festgestellt werden, und es wurden keine ventrikulären Arrhythmien bei diesen Kalziumempfängern festgestellt [65]. Wir haben uns deshalb im Departement für Anästhesie und auf der chirurgischen Intensivstation des Kantonsspitals Basel auf ein einziges Präparat, nämlich Kal-

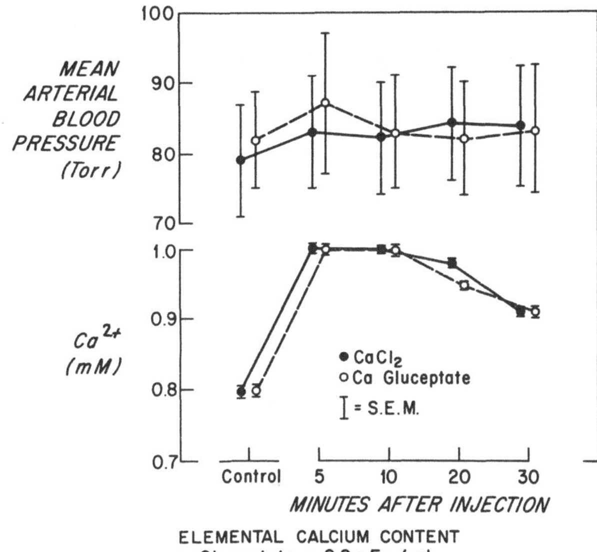

Abb. 30. Infusion über 5 min von 10 ml $CaCl_2$ und 20 ml Kalziumgluceptat haben den gleichen Anstieg der Konzentration des ionisierten Kalziums im Blut des Empfängers zur Folge. Auch die hämodynamischen Veränderungen sind die gleichen

ziumchlorid, geeinigt, damit keine Dosierungsprobleme mehr auftreten. Kalziumchlorid wird sowieso bei der Reanimation verwendet und bietet von der Ampullengröße her Vorteile bei der üblichen Dosierung.

Empfohlene Dosierungen und Infusionsgeschwindigkeit in der Klinik

Die in der Klinik übliche Dosierung bei Bolusinjektion von Kalziumchlorid liegt zwischen 5 und 7 mg/kg KG. Bei Erwachsenen bewirkt eine solche Kalziumchloridgabe einen maximalen Anstieg der Ca^{2+}-Konzentration von 0,1–0,2 mmol/l [8, 60, 65]. Wir möchten noch einmal darauf hinweisen, daß die wichtigsten Faktoren für die maximale Ca^{2+}-Konzentration, die durch eine Kalziuminfusion erreicht werden kann, die Infusionsgeschwindigkeit und das Verteilungsvolumen sind. Daher kann auch eine reduzierte Dosierung von Kalzium bei Patienten mit sehr tiefen Herzminutenvolumen zu ähnlichen Maximalwerten führen wie die oben erwähnten. Es wurde empfohlen, dem Zitratblut, das für die Füllung der Herz-Lungen-Maschine bei Kindern gebraucht wird, 500 mg $CaCl_2$ zuzugeben, um eine Hypokalzämie am Ende des extrakorporalen Kreislaufes zu vermeiden [55, 196]. Die totale Ca^{2+}-Konzentration stieg von ca. 10 auf 17 mg/100 ml unmittelbar nach Anschluß des extrakorporalen Bypasses an, blieb bei 12–13 mg/100 ml bis 2 h nach dem Bypass und lag im Normbereich am ersten postoperativen Tag [196].

Genaue Dosierungen für Kinder und Kleinkinder sind nicht erhältlich, einerseits weil andere Präparate als Kalziumchlorid verwendet wurden, und andererseits, weil trotz der Kalziuminfusion eine Hypokalzämie in mehreren Fällen weiter bestehen blieb [56, 88, 95, 222].

Komplikationen bei Kalziuminfusion
und akute Hyperkalzämie

Lloyd [173] hat vor etwa 60 Jahren in dramatischer Weise seine eigenen Erfahrungen mit einer Überdosis Kalzium beschrieben. Als ihm zuerst eine Testmenge Kalziumchlorid (50 ml 1%) injiziert wurde, stieg seine Herzfrequenz an. Als er danach Kalziumchlorid (200 mg) als Bolusinjektion erhielt, wurde ihm schwindlig; er erlitt eine Synkope und eine akute Atemnot. Das EKG zeigte einen SA-Block und eine ausgeprägte Bradykardie. Weitere wichtige Informationen werden in Lloyd's Bericht nicht gegeben: Einige Schläge auf das Abdomen und den Brustkorb haben jedoch ausgereicht, um ihn wiederzubeleben. Sinusarrhythmien und Bradykardien nach Kalziuminfusionen sind mehrfach beschrieben worden [37, 45, 251].

Es muß klar gesagt werden, daß Kalziuminjektionen auch bei hypokalzämischen Patienten zu Komplikationen führen können, wie dies die folgende Fallbeschreibung zeigt.

Nach Verabreichung von 7 mg/kg KG Kalziumchlorid oder 20 mg/kg KG Kalziumgluconat bei Patienten mit schlechter Hämodynamik (und bekannter Hypokalzämie an ionisiertem Kalzium), die weder auf Digitalis noch Volumenzufuhr noch auf Dopamin ansprachen, kam es zu einer atrioventrikulären Dissoziation und einer elektrokardiographisch nachgewiesenen Myokardischämie [37]. Bei einem dieser Patienten lag der Digitalisspiegel im oberen therapeutischen Bereich. Die Kombination Kalziuminjektion und Digitalistherapie wird allgemein als ungünstig betrachtet [19, 45, 76, 163, 177, 252, 255, 295].

Eine nicht lebensgefährliche, aber wichtige Komplikation bei der intravenösen Verabreichung von Kalzium ist die Möglichkeit einer Thrombophlebitis [101] oder sogar einer Nekrose des subkutanen Gewebes, wenn Kalziumchlorid oder Kalziumgluconat [299] paravenös gespritzt wird. Kalzium sollte deshalb nur in die großen Venen injiziert werden, deren Durchgängigkeit vorher geprüft wurde.

Der akute Hyperparathyreoidismus führt ebenfalls zu schweren Herzfrequenzveränderungen und Herzrhythmusstörungen [21, 166, 180]. Bei 86 Patienten mit einer Hyperparathyreoidismuskrise lag die Mortalität über 60% [180]. Bei Patienten mit einer chronischen Überfunktion der Parathyreoidea hingegen und nur leicht erhöhtem Wert an totalem Kalzium (ca. 2,9 mmol/l) ist sowohl der intra- als auch der postoperative Verlauf sehr einfach [110]. Bei extremer Erhöhung der Ca^{2+}-Konzentration können ventrikuläre Arrhythmien und Bewußtseinsveränderungen auftreten. Es wurden Patienten beschrieben, die sich bei Ca^{2+}-Konzentrationen von 3 mmol/l in einem Art Verwirrungszustand befanden. Bewußtlosigkeit trat bei einer Konzentration von etwa 6 mmol/l auf [202]. Ein kompletter AV-Block wurde bei einem Patienten mit einem Kalziumgehalt von 3,8 mmol/l in Zusammenhang gebracht [97].

Über plötzliche Todesfälle wurde bei Patienten berichtet, deren Wert an Gesamtkalzium zwischen 4,5 mmol/l [137] und 5,5 mmol/l [223] lag. Der Mechanismus, der bei der Hyperkalzämie zur Entstehung von Rhythmusstörungen führt, scheint eine Kombination der Verkürzung der Refraktärperiode des Herzens, der erhöhten Reizschwelle und der verkürzten Überleitungszeit zu sein. Diese Kombination erleichtert „Reentry"-Rhythmusstörungen und das Auftreten eines idioventrikulären Rhythmus [267]. Die gefährlichste Folge ist das Kammerflimmern [266].

Literatur

1. Allen DG, Blinks JR (1978) Calcium transients in aeqorin injected frog cardiac muscle. Nature 273:509–513
2. Allen JG (1965) Blood transfusion and related problems. In: Moyer CA, Rhodes JE, Allen JG (eds) Surgery, principles and practice, 3rd edn. Lippincott, Philadelphia, pp 172–177
3. Allen JG, Clark DE, Thornton TF, Adams WE (1944) The transfusion of massive volumes of citrated whole blood in man: Clinical evidence of its safety. Surgery 15:824–831
4. Alto LE, Dhalla NS (1979) Myocardial cation contents during induction of calcium paradox. Am J Physiol 237:713–719
5. Angelakos ET, Deutsch S, Williams L (1957) Sensitivity of the hypothermic myocardium to calcium. Circ Res 5:196–201
6. Antman E, Miller J, Goldberg S, McAlpin R, Rubenfire M, Tabatznik B, Liang C, Heupler F, Achuff S, Reichek N, Geltman E, Kerin NZ, Neff RK, Braunwald E (1980) Nifedipin therapy for coronary artery spasm. N Engl J Med 302:1269–1273
7. Ashraf M, Ouda M, Benedict JB, Millard RW (1982) Diltiazem and calcium paradox. Am J Cardiol 49:1675–1681
8. Auffant RA, Downs JB, Amick R (1981) Ionized calcium concentration and cardiovascular function after cardiopulmonary bypass. Arch Surg 116:1072–1076
9. Bagger JP, Toftegaard Nielsen T, Henningsen P, Thomsen PEB, Eyjolfsson K (1981) Myocardial release of citrate and lactate during atrial pacing-induced angina pectoris. Scand J Clin Lab Invest 41:431–439
10. Barry GD (1974) Plasma calcium concentration in hemorrhagic shock. Am J Physiol 220:874–879
11. Bender F (1970) Die Behandlung der tachycarden Arrhythmien und der arteriellen Hypertonie mit Verapamil. Arzneimittelforsch 20:1310–1316
12. Bers DM, Langer GA (1979) Uncoupling cation effect on cardiac contractility and sarcolemmal Ca^{2+} binding. Am J Physiol 237:H332–341
13. Bielecki K (1969) The influence of changes in pH of the perfusion fluid on the occurrence of the calcium paradox in the isolated rat heart. Cardiovasc Res 3:268–271
14. Bixler TJ, Flaherty JT, Gardner TJ, Bulkley BH, Schaff HV, Gott VL (1978) Effect of calcium administration during postischemia reperfusion on myocardial contractility, stiffness, edema and ultrastructure. Circulation 58:I184–191
15. Blinks JR (1973) Calcium transients in striated muscle cells. Eur J Cardiol 1:135–141
16. Bodenhamer RM, Drop LJ, Johnson RG, Fowler BN, Geffin GA, O'Keefe DD, Daggett WM (1983) Comparative effects of isoproterenol and calcium chloride on left ventricular performance during hypocalcemia: A study in the dog under hemodynamically controlled conditions. Circulation: In Press
17. Boen ST, Leynse B, Gerbrandy J (1962) Influence of serum calcium on Q-T interval and circulation. Clin Chim Acta 7:432–436
18. Bohr DF (1964) Electrolytes and smooth muscle contraction. Pharmacol Rev 16:85–111
19. Bower JO, Mengle HAK (1936) The additive effect of calcium and digitalis: A warning with report of two deaths. JAMA 106:1151–1153
20. Boyan CP, Howland WS (1961) Blood temperature, a critical factor in massive transfusion. Anesthesiology 22:559–563
21. Bradlow BA, Segel N (1956) Actue hyperparathyroidism with electrocardiographic changes. Br Med J 2:197–200

22. Braunwald E (1969) The determinants of myocardial oxygen consumption. Physiologist 12:65–93
23. Braunwald E (1971) Control of myocardial oxygen consumption: Physiological and clinical considerations. Am J Cardiol 27:416–432
24. Braunwald E (1974) Regulation of the circulation. N Engl J Med 290:1124–1130
25. Braunwald E (1980) Treatment of the patient after myocardial infarction. N Engl J Med 302:290–294
26. Braunwald E (1980) Heart disease: A text of cardiovascular medicine. Saunders, Philadelphia, p 806
27. Bristow MR, Schwartz HD, Binetti G, Harrison DC, Daniels JR (1977) Ionized calcium and the heart Elucidation of in vivo concentration response relationships in the open-chested dog. Circ Res 41:565–574
28. Bronsky D, Dubin A, Waldstein SS, Kushner DS (1961) Calcium and the electrocardiogram. The electrocardiographic manifestations of hyperparathyroidism and of marked hypercalcemia from various other etiologies. Am J Cardiol 7:833–839
29. Bronsky D, Dubin A, Waldstein SS, Kushner DS (1961) Calcium and the electrocardiogram. Am J Cardiol 7:823–832
30. Brown DM, Boen J, Bernstein A (1972) Serum ionized calcium in newborn infants. Pediatrics 49:841–847
31. Brutsaert DL, Claes VA, Goethals MA (1973) Effect of calcium on force velocity-length relations of heart muscle of the cat. Circ Res 32:385–392
32. Bunker JP (1966) Metabolic effects of blood transfusion. Anesthesiology 27:446–453
33. Bunker JP, Stetson JB, Coe RC, Grillo HC, Murphy AJ (1955) Cirtric acid intoxication. JAMA 157:1361–1367
34. Bunker JP, Bendixen HH, Murphy AJ (1962) Hemodynamic effects of intravenously administered sodium citrate. N Engl J Med 266:372–377
35. Burnstock G, Holman ME, Prosser CL (1963) Electrophysiology of smooth muscle. Physiol Rev 43:482–527
36. Burton GW, Holderness MC (1964) On the management of massive transfusion. Anaesthesia 19:408–420
37. Carlon GC, Howland WS, Goldiner PS, Kahn RC, Bertoni G, Turnbull AD (1978) Adverse effects of calcium administration. Arch Surg 113:882–885
38. Carlon GC, Howland WS, Kahn RC, Schweizer O (1980) Calcium chloride administration in normocalcemic critically ill patients. Crit Care Med 8:209–212
39. Chaimovitz C, Abinader E, Benderly A, Better OS (1972) Hypocalcemic hypotension. JAMA 222:86–87
40. Cham BE (1972) A semiautomated method for the estimation of ionic calcium activity and concentration in biological solutions. Clin Chim Acta 37:5–14
41. Chambers R, Zweifach BW (1940) Capillary endothelial cement in relation to permeability. J Cell Physiol 15:255–272
42. Cheung WY (1980) Calmodulin plays a pivotal role in cellular regulation. Science 207:19–27
43. Chidsey CA (1972) Calcium metabolism in the normal and failing heart. Hosp Pract 7:65–75
44. Clancy RL, Graham TP, Powell WJ, Gilmore JP (1967) Inotropic augmentation of myocardial oxygen consumption. Am J Physiol 212:1055–1061
45. Clarke E (1941) The action of calcium on the human electrocardiogram. Am Heart J 22:367–373
46. Clowes GHA, Simeone FA (1957) Acute hypocalcemia in surgical patients. Ann Surg 146:530–541
47. Cohn JN (1973) Blood pressure and cardiac performance. Am J Med 55:351–361
48. Coleman HN (1967) Role of acetylstrophantidin in augmenting myocardial oxygen consumption. Circ Res 21:487–495
49. Condon RE, Nyhus LM (1975) Manual of surgical therapeutics. Little & Brown, Boston, pp 99-298
50. Cooley DA, Reul GJ, Wukash DC (1972) Ischemic contracture of the heart: Stone heart. Am J Cardiol 29:575–578
51. Cooper N, Brazier JR, Hottenrott C, Mulder DG, Maloney JV, Buckberg GD (1973) Myocardial depression following citrated blood transfusion. Arch Surg 107:756–763
52. Cope O (1960) Hyperparathyroidism: Diagnosis and management. Am J Surg 99:394–403
53. Covell JW, Ross J, Sonnenblick EH (1966) Studies on digitalis. Effects on myocardial oxygen consumption. J Clin Invest 45:1535–1542

54. Covell JW, Ross J, Sonnenblick EH, Braunwald E (1966) Comparison of the force-velocity relation and the ventricular function curve as measures of contractile state of the intact heart. Circ Res 19:364–372

55. Das JB, Eraklis AJ, Adams JG, Gross RE (1971) Changes in serum calcium ion concentration during cardiopulmonary bypass with hemodilution. J Thorac Cardiovasc Surg 62:449–453

56. Das JB, Eraklis AJ, Filler RM, Adams JG (1971) Serum ionic calcium: Changes with large volume blood transfusion in the infant. J Pediatr Surg 6:333–338

57. Daugherty A, Woodward B (1981) Calcium and calcium slow channel antagonists on cyclic nucleotide levels in the isolated rat heart. J Mol Cell Cardiol 13:843–854

58. DeFaire U, Lundman T (1977) Serious verapamil poisoning. Eur J Cardiol 6:195–196

59. Denlinger JK, Nahrwold ML (1976) Cardiac failure associated with hypocalcemia. Anesth Analg (Cleve) 55:34–36

60. Denlinger JK, Kaplan JA, Lecky JH, Wollman H (1975) Cardiovascular response to calcium administration administered intravenously to man during halothane anesthesia. Anesthesiology 42:390–397

61. Devis G, Somers G, Van Obberghen E, Malaisse WJ (1975) Calcium antagonists and islet function. I. Inhibition of insulin release by verapamil. Diabetes 24:547–551

62. Dhalla NS (1976) Involvement of membrane systems in heart failure due to intracellular overload and deficiency. J Mol Cell Cardiol 8:661–667

63. Dorra M, Waynberger M, Lardy P, Normand JP, Bordier P, Bouvrain Y (1971) La cardiopathie hypocalcémique. Presse Med 79:1381–1384

64. Douglas WW, Rubin RP (1961) The role of calcium in the secretory response of the adrenal medulla to acetylcholine. J Physiol 159:40 -57

65. Drop LJ, Cullen DJ (1980) Comparative effects of calcium chloride and calcium gluceptate. Br J Anaesth 52:501–506

66. Drop LJ, Laver MB (1975) Low plasma ionized calcium and response to calcium therapy in critically ill man. Anesthesiology 43:300–306

67. Drop LJ, Miller EV (1980) Biochemical alterations during tetany. Anesthesiology 52:82–83

68. Drop LJ, Scheidegger D (1979) Haemodynamic consequences of citrate infusion in the anaesthetized dog: Comparison between two citrate solutions and the influence of beta blockade. Br J Anaesth 51:513–521

69. Drop LJ, Scheidegger D (1980) Plasma ionized calcium concentration: Important determinant of the hemodynamic response to calcium infusion. J Thorac Cardiovasc Surg 79:425–431

70. Drop LJ, Fuchs C, Stulz PM (1978) Determination of blood ionized calcium in a large segment of the normal population. Clin Chim Acta 89:503–510

71. Drop LJ, Geffin GA, O'Keefe DD, Newell JB, Jacobs ML, Fowler BN, Daggett WM (1981) Relation between ionized calcium concentration and ventricular pump performance in the dog under controlled hemodynamic conditions. Am J Cardiol 147:1042–1051

72. Drop LJ, Tochka LN, Misiano DR (1982) Comparative evaluation of two calcium ion-selective electrode systems, and their utility for monitoring steady state changes in $[Ca^{2+}]$. Clin Chem 28:129–133

73. Earll JM, Kurtzman NA, Moser RH (1966) Hypercalcemia and hypertension. Ann Intern Med 64:378–381

74. Ebashi S (1972) Calcium ion and muscle contraction. Nature 240:217–218

75. Ebashi S, Endo M (1968) Calcium ion and muscle contraction. Prog Biophys Mol Biol 18:123–183

76. Eliot RS, Blount SG (1961) Calcium, chelates and digitalis: A clinical study. Am Heart J 62:7–21

77. Fabiato A, Fabiato F (1975) Contractions induced by a calcium triggered release of calcium from the sarcoplasmic reticulum of single skinned cardiac cells. J Physiol 249:497–517

78. Fabiato A, Fabiato F (1977) Calcium release form the sacroplasmic reticulum. Circ Res 40:119–129

79. Fabiato A, Fabiato F (1978) Calcium induced release of calcium from the sarcoplasmic reticulum of skinned cells from adult human, dog, cat, rabbit, rat and frog heart and from fetal and newborn rat ventricles. Ann N Y Acad Sci 307:491–522

80. Fabiato A, Fabiato F (1979) Calcium and cardiac excitation contraction coupling. Annu Rev Physiol 41:473–484

81. Fanconi Rose GA (1958) The ionized, complexed and protein bound fractions of calcium in plasma. Q J Med 27:463–494

82. Feinberg H, Boyd E, Katz LN (1962) Calcium effect on performance of the heart. Am J Physiol 202:643–648

83. Filo RS, Bohr DF, Ruegg JC (1965) Glycerinated skeletal and smooth muscle: Calcium and magnesium dependence. Science 147:1581–1583

84. Flaim SF, Zelis R (1981) Clinical use of calcium entry blockers. Fed Proc 40:2877–2881

85. Fleckenstein A (1977) Specific pharmacology in myocardium, cardiac pacemakers and vascular smooth muscle. Annu Rev Pharmacol Toxicol 17:149–166

86. Fleckenstein A, Kammermeister H, Doring HJ, Freund HJ (1967) Zum Wirkungsmechanismus neuartiger Koronardilatatoren mit gleichzeitigen Sauerstoff einsparenden Myokardeffekten: Prenylamin und Iproveratril. Z Kreislauf 56:716–744

87. Fleckenstein A, Janke J, Döring HJ, Pachinger O (1973) Ca^{2+} overload as the determining factor in the production of catecholamine-induced myocardial lesions. Recent Adv Cardiac Struct Metab 2:455–466

88. Friedman Z, Hanley WB, Radde IC (1972) Ionized calcium in exchange transfusion with THAM buffered ACD blood. Can Med Assoc J 107:742–745

89. Frohlich ED, Scott JB, Haddy FJ (1962) Effect of cations on resistance and responsiveness of renal and forelimb vascular bed. Am J Physiol 203:583–587

90. Fuchs C, Brasche M, Donath U, Kubosch J, Quellhorst E, Scheler F (1975) Dialysate calcium and plasma calcium fractions during and after haemodialysis. Klin Wochenschr 53:39–42

91. Fuchs C, Brasche M, Spiekermann PG, Kirschhoff G, Regensburger D, Koncz J (1975) Divalent ions and myocardial function during cardiopulmonary bypass. Changes in total, ionized calcium and magnesium. J Cardiovasc Surg 16:476–483

92. Fulmer DH Dimich AB, Rothschild EO, Myers WPL (1972) Treatment of hypercalcemia. Arch Intern Med 129:923–930

93. Gallagher C, Civetta JM, Kirby RR (1978) Terminology update, optimal peep. Crit Care Med 6:323–326

94. Geffin GA, Drop LJ, O'Keefe DD, Jacocks MA, Daggett WM (1981) Effects of plasma ionized calcium concentration on ventricular function during regional ischemia. Physiologist 24:113

95. Gerschanik JJ, Levkoff AH, Duncan R (1973) Serum ionized calcium values in relation to exchange transfusion. J Pediatr 82:847–850

96. Gilmore JP, Daggett WM, McDonald RH, Sarnoff SJ (1968) Influence of calcium upon myocardial potassium balance, oxygen consumption and performance. Am Heart J 75:215–222

97. Ginsberg H, Schwarz KV (1973) Hypercalcemia and complete heart block. Ann Intern Med 79:903

98. Glimp RA, Wingert TD, Rodas AG (1980) Hypocalcemia associated with oral phosphate replacement therapy. JAMA 243:731

99. Glogar D, Zilcher H, Lintner F, Kern HG, Willvonseder R (1980) Caliuminduzierte Nekrose des Herzen als Todesursache bei akutem Hyperparathyroidismus. Dtsch Med Wochenschr 105:307–310

100. Godfraind T, Glysel Burton J, Sturbois X (1979) Ionic changes evoked by isoprenaline in rat hearts in vivo and in vitro and their reduction by creatinol-o-phosphate. Arzneimittelforsch 29:1468–1470

101. Goodman Gilman A, Goodman LS, Gilman A(1970) The pharmacological basis of therapeutics, 4th endn. Macmillan, New York, pp 677–707, 805–811

102. Goodyer AVM, Goodkind MJ, Stanley EJ (1964) The effect of abnormal concentrations of serum electrolytes on left ventricular function in the intact animal. Am Heart J 67:779–791

103. Gott VL, Dutton RC, Young WP (1962) Myocardial rigor mortis as an indicator of cardiac metabolic function. Surg Forum 13:172–174

104. Greenberg R, Kolen CA (1966) Effects of acetylcholine and calcium ions on the spontaneous release of epinephrine from catecholamine granules. Proc Soc Exp Biol Med 121:1179–1183

105. Greenwald I (1926) The effects of the administration of calcium salts and of sodium phosphate upon the calcium and phosphorus metabolism of thyroparathyroidectomized dogs, with a consideration of the nature of the calcium compounds of blood and their relation to the pathogenesis of tetany. J Biol Chem 67:1–28

106. Grinwald PM, Nayler WG (1981) Calcium entry in the calcium paradox. J Mol Cell Cardiol 13:867–880

107. Grossman A, Furchgott RF (1964) The effects of various drugs on calcium exchange in the isolated guinea pig left auricle. J Pharmacol Exp Ther 145:162–168

108. Grossman W, McLaurin LP (1976) Diastolic properties of the left ventricle. Ann Intern Med 84:316–326

109. Grün G, Fleckenstein A (1972) Die elektromechanische Entkoppelung der glatten Gefäßmuskulatur als Grundprinzip der Koronardilatation durch Bay A 1040. Arzneimittelforsch 22:334–344

110. Gunst MA, Drop LJ (1980) Chronic hypercalcemia secondary to hyperparathyroidism: A risk factor during anaesthesia? Br J Anaesth 52:507–511

111. Haddy FJ (1974) Local control of vascular resistance as related to hypertension. Arch Intern Med 133:916–931

112. Hariman RJ, Mangiardi LM, McAllister RG, Surawicz B, Shabetai R, Kishida H (1979) Reversal of the cardiovascular effects of verapamil by calcium and sodium: Differences between electrophysiologic and hemodynamic responses. Circulation 59:797–804

113. Hattori VT, Mandel WJ, Peter T (1982) Calcium for myocardial depression from verapamil. N Engl J Med 306:238

114. Haworth RA, Hunter DR, Berkoff HA (1981) Contracture in isolated adult rat heart cells. Circ Res 49:1119–1128

115. Hearse DJ (1977) Reperfusion of the ischemic myocardium. J Mol Cell Cardiol 9:605–616

116. Hearse DJ, Garlick PB, Humphrey SM (1977) Ischemic contracture of the myocardium: Mechanism and prevention. Am J Cardiol 39:986–993

117. Hedley-Whyte J, Burgess GE, Feeley TW, Miller MG (1976) Applied physiology of respiratory care Little Brown, Boston, p 377

118. Hegglin R (1939/40) Heart failure and hypocalcemia. Helv Med Acta 5:584–586

119. Heilbrunn JV (1943) An outline of physiology. Saunders, Philadelphia, pp 462–467

120. Heilbrunn JV, Wiercinski FJ (1947) The action of various cations on muscle protoplasm. J Cell Comp Physiol 29:15–32

121. Hempelmann G, Piepenbrock S, Frerk C, Schleussner E (1978) Beeinflussung von Herz-Kreislaufparametern durch Calciumglukonat und Calciumchlorid. Anaesthesist 27:516–522

122. Henry PD, Schuchleib R, Davis J, Weiss ES, Sobel BE (1977) Myocardial contracture and accumulation of mitochondrial calcium in ischemic rabbit hearts. Am J Physiol 233:H677–684

123. Hinke JAM, Wilson ML, Burnham SC (1964) Calcium and the contractility of arterial smooth muscle. Am J Physiol 106:211–217

124. Hinkle JE, Cooperman LH (1973) Serum ionized calcium changes following citrated blood transfusion in anaesthetized man. Br J Anaesth 43:1108–1111

125. Holland CE, Olson RE (1975) Prevention by hypothermia of paradoxical calcium necrosis in cardiac muscle. J Mol Cell Cardiol 7:917–928

126. d'Hollander A, Primo G, Hennant D, LeClerc JL, Dervaert FE, Dubois Primo J (1982) Compared efficacy of dobutamine and dopamine in association with calcium chloride on termination of cardiopulmonary bypass. J Thorac Cardiovasc Surg 83:264–271

127. Hooker DR (1930) On the recovery of the heart in electric shock. Am J Physiol 91:305–328

128. Horwitz LD, Lifschitz MD (1980) Role of the autonomic nervous system in the pressure response to calcium in conscious dogs. Cardiovasc Res 14:522–529

129. Howland WS (1958) Cardiovascular and clotting disturbances during massive blood replacement. Anesthesiology 19:140–152

130. Howland WS, Bellville JW, Zucker MB, Boyan CP, Clifton EE (1956) Massive blood replacement. IV Centricular fibrillation during massive blood replacement. Am J Surg 92:356–360

131. Howland WS, Bellville JW, Zucker MB, Boyan CP, Clifton EE (1957) Massive blood replacement. V. Failure to observe citrate intoxication. Surg Gynecol Obstet 105:529–540

132. Howland WS, Jacobs RG, Goulet AH (1960) An evaluation of calcium administration during rapid blood replacement. Anesth Analg (Cleve) 39:557–563

133. Howland WS, Schweizer O, Boyan CP (1964) Massive blood replacement without calcium replacement. Surg Gynecol Obstet 118:814–818

134. Howland WS, Schweizer O, Jascott D, Regasa J (1976) Factors influencing the ionization of calcium during major surgical procedures. Surg Gynecol Obstet 143:895–899

135. Howland WS, Schweizer O, Carlon GC, Goldiner PL (1977) The cardiovascular effects of ionized calcium during massive transfusion. Surg Gynecol Obstet 145:581–586

136. Ito Y, Chidsey A (1972) Intracellular calcium and myocardial contractility. Distribution of calcium in the failing rabbit heart. J Mol Cell Cardiol 4:507–517

137. Jennings ER, Beland FJ, Cope J, Ellestad MH, Monroe C, Shadle OW (1965) Citrate toxicity and the use of anticoagulant acid citrate dextrose blood for extracorporeal circulation. Surg Gynecol Obstet 120:997–1005

138. Johnston WE, Moss J, Philbin DM, Guiney TE, Sussan JH, Buckley MJ, Lowenstein E (1982) Management of cold urticaria during hypothermic cardiopulmonary bypass. N Engl J Med 306:219–221
139. Juan D (1979) Hypocalcemia. Differential diagnosis and mechanisms. Arch Intern Med 139:1166–1171
140. Kampman K, Lamberti JJ, Kaplan E, Anagnostopoulos CE (1980) In vivo sensitivity of canine myocardium to acute depression of serum ionized calcium. Cardiovasc Dis Bull Tex Heart Inst 7:169–177
141. Kaplan JA (1979) Cardiac anesthesia. Grune & Stratton, New York, pp 60, 141, 503–507
142. Katz AM (1970) Contractile proteins of the heart. Physiol Rev 50:63–137
143. Katz AM (1972) Increased Ca^{2+} entry during the plateau phase of the action potential: A possible mechanism of cardiac glycoside action. J Mol Cell Cardiol 4:87–89
144. Katz AM, Hecht HH (1969) The early pump failure of the ischemic heart. Am J Med 47:497–502
145. Katz AM, Goodhart PJ, Goodhart HL (1971) Calcium and the cardiac contractile proteins. In: Harris P, Opie LH (eds) Calcium and the Heart. Academic Press, New York, pp 124–134
146. Kay JH, Blalock A (1951) The use of calcium chloride in the treatment of cardiac arrest in patients. Surg Gynecol Obstet 93:97–102
147. Killen DA, Grogan EL, Gower RE, Collins HA (1970) Response of canine plasma ionized calcium and magnesium to the rapid infusion of ACD solution. Surgery 70:736–743
148. Kleerekoper M, Rao DS, Frame B (1978) Hypercalcemia, hyperparathyroidsm and hypertension. Cardiovasc Med 3:1283–1293
149. Koch-Weser J (1963) Influence of osmolarity of perfusate on contractility of mammalian myocardium. Am J Physiol 204:957–962
150. Kübler W, Katz AM (1977) Mechanism of early pump failure of the ischemic heart: Possible role of ATP depletion and inorganic phosphate accumulation. Am J Cardiol 40:467–471
151. Kugimiya T, Drop LJ, Ewalenko P (1982) Mechanical performance of the rat heart: Response to calcium. J Surg Res 32:57–64
152. Kuriyama H (1963) The influence of potassium, sodium and chloride on the membrane potential of the smooth muscle of the taenia coli. J Physiol 166:15–28
153. Kuwajima I, Ueda K, Kamata C, Matsushita S, Kuramoto K (1978) A study of the effects of nifedipin in hypertensive crisis and severe hypertension. Jpn Heart J 19:455–467
154. Ladenson JH, Bowers GN (1973) Free calcium in serum. Determination with the ion-specific electrode and factors affecting the results. Clin Chem 19:565–572
155. Ladenson JH, Lewis JW, Boyd JC (1978) Failure of total calcium corrected for protein, albumin, and pH to correctly assess free calcium status. J Clin Endocrinol Metab 46:986–993
156. Ladenson JH, Lewis JW, McDonald JM, Slatopolsky E, Boyd JC (1979) Relationship of free and total calcium in hypercalcemic conditions. J Clin Endocrinol Metab 48:393–397
157. Ladenson JH, McDonald JM (1979) Multiple myeloma and hypercalcemia. Clin Chem 25:1821–1825
158. Langer GA (1968) Ion fluxes in cardiac excitation and contraction and their relation to myocardial contractility. Physiol Rev 48:708–757
159. Langer GA (1971) The intrinsic control of myocardial contractility -- ionic factors. N Engl J Med 285:1065–1071
160. Langer GA (1973) Heart: Excitation contraction coupling. Annu Rev Physiol 35:55–80
161. Langer GA (1980) The role of calcium in the control of myocardial contractility: An update. J Mol Cell Cardiol 12:231–239
162. Lederballe Pedersen O, Mikkelsen E (1978) Acute and chronic effects of nifedipine in arterial hypertension. Eur J Clin Pharmacol 14:375–381
163. Lee KS, Klaus W (1971) The subcellular basis for the mechanism of inotropic action of cardiac glycosides. Pharmacol Rev 23:193–261
164. Lee SL, Dhalla NS (1976) Subcellular calcium transport in failing hearts due to calcium deficiency and overload. Am J Physiol 231:1159–1165
165. Lee YCP, Richman HG, Visscher MB (1966) Extracellular calcium ion activity and reversible cardiac arrest. Am J Physiol 210:493–498
166. Lemann J, Donatelli AA (1964) Calcium intoxication due to primary hyperparathyroidism. Ann Intern Med 60:447–461
167. Lembeck F, Juan H (1975) Are there therapeutic indications of intravenous injection of calcium gluconate? Arzneimittelforsch 25:1570–1574
168. Lerne CE, Coslovsky R, Wajchenberg BL (1973) Ionized calcium in normal human serum, determined with specific electrode and by tetramethylmurexide. Biomedicine 19:431–434

169. Levin RM (1980) Pediatric anesthesia handbook. Medical Examination Publishing Company, New York, p 110
170. Li TK, Piechocki JT (1971) Determination of serum ionic calcium with an ionselective electrode: Evaluation of methodology and normal values. Clin Chem 17:411–416
171. Lindgarde F (1972) Potentiometric determination of serum ionized calcium in a normal human population. Clin Chim Acta 40:477–484
172. Liu CT, Overman RR (1969) Cardiovascular changes during tetany and following calcium gluconate administration in dogs. Arch Int Pharmacodyn Ther 177:52–59
173. Lloyd WM (1928) Danger of intravenous calcium therapy. Br Med J 1:662–664
174. Locke FS, Rosenheim O (1907) Contributions to the physiology of the isolated heart. The consumption of dextrose by mammalian cardiac muscle. J Physiol 36:205–220
175. Loken HF, Havel RJ, Gordan GS, Whittington SL (1960) Ultracentrifugal analysis of protein bound and free calcium in human serum. J Biol Chem 235:3654–3658
176. Low JC, Schaaf M, Earll JM, Piechocki JT, Li TK (1973) Ionic calcium determination in primary hyperparathyroidism. JAMA 223:152–155
177. Lown B, Black H, Moore FD (1960) Digitalis, electrolytes and the surgical patient. Am J Cardiol 6:309–337
178. Lumb GA (1963) Determination of ionic calcium in serum. Clin Chim Acta 8:33–38
179. Lynch C, Vogel S, Sperelakis N (1981) Halothane depression of myocardial slow action potentials. Anesthesiology 55:360–368
180. MacLeod WAJ, Holloway CK (1967) Hyperparathyroid crisis. Ann Surg 166:1012:1015
181. Madsen S, Olgaard K (1977) Evaluation of a new automatic calcium ion analyzer. Clin Chem 23:690–694
182. Marx JL (1980) Calmodulin: A protein for all seasons. Science 208:1274–1276
183. Mason DT (1969) Usefulness and limitations of the rate of rise of intraventricular pressure (dp/dt) in the evaluation of myocardial contractility in man. Am J Cardiol 23:516–523
184. Maxwell GM, Elliott RB, Robertson E (1963) The effect of sodium EDTA induced hypocalcemia upon the general and coronary hemodynamics of the intact animal. Am Heart J 66:82–87
185. McLean FC, Hastings AB (1934) A biological method for the estimation of calcium ion concentration. J Biol Chem 107:337–350
186. McLean FC, Hastings AB (1935) Clinical estimation and significance of calcium ion in the blood. Am J Med Sci 189:601–612
187. McLean FC, Hastings AB (1935) The state of calcium in the fluids of the body: The conditions affecting the ionization of calcium. J. Biol Chem 108:285–325
188. Medici T, Rutishauser W, Simon HJ, Noseda G (1967) Einfluß von Kalzium auf die kontraktilitätssteigernde Wirkung der paarigen Stimulation am linken Ventrikel des Hundes. Z Kreislauf 56:1022–1031
189 Mehmel H, Krayenbühl HP, Rutishauser W (1970) Peak measured velocity of shortening in the canine left ventricle. J Appl Physiol 29:637–645
190. Merine RG, Kumazawa T, Honig CR (1974) Reversible interaction between halothane and Ca^{2+} on cardiac actomyosin adenosine triphosphatase: Mechanism and significance. J Pharmacol Exp Ther 190:1–14
191. Millard RW, Lathrop DA, Grupp G, Ashraf M, Grupp IL, Schwarz A (1982) Differential cardiovascular effects of calcium channel blocking agents: Potential mechanisms. Am J Cardiol 49:499–506
192. Miller RD (1973) Complications of massive blood transfusion. Anesthesiology 39:82–94
193. Mines GR (1913) On functional analysis by the action of electrolytes. J Physiol 46:188–235
194. Mitchell JH, Wallace AG, Skinner NS (1963) Intrinsic effects of heart rate on left ventricular performance. Am J Physiol 205:41–48
195. Miura DS, Biedert S, Barry WH (1981) Effects of calcium overload on relaxation in cultured heart cells. J Mol Cell Cardiol 13:949–961
196. Moffitt EA, Rosevaer JW, McGoon DC (1970) Myocardial metabolism in children having open heart surgery. JAMA 211:1518–1524
197. Moffitt EA, Starhan Goldsmith RS, Pluth JR, McGood DC (1973) Patterns of total and ionized calcium and other electrolytes in plasma during and after surgery. J Thorac Cardiovasc Surg 65:751–757
198. Moore EW (1970) Ionized calcium in normal serum, ultrafiltrates and whole blood determined by ion exchange electrodes. J Clin Invest 49:318–334

199. Moore EW, Ross JW (1965) NaCl and $CaCl_2$ activity coefficients in mixed aqueous solutions. J Appl Physiol 20:1332–1336
200. Moore WT, Smith LH (1963) Experience with a calcium infusion test in parthyroid disease. Metabolism 12:447–451
201. Morison RS, McLean R, Jackson EB (1937) Observations on the relation between ionized and total calcium in normal and abnormal sera and their ultrafiltrates. J Biol Chem 122:439–446
202. Mundy GR, Cove DH, Fisken R (1980) Primary hyperparathyroidism: Changes in the pattern of clinical presentation. Lancet I:1317–1320
203. Nayler WG (1967) Calcium exchange in cardiac muscle: A basic mechanism of drug action. Am Heart J 73:379–394
204. Nayler WG (1981) Inorganic phosphate and the early loss of tension development during ischaemia. J Mol Cell Cardiol [Suppl] 3:6
205. Nayler WG, Szeto J (1972) Effects of sodium pentobarbital on calcium in mammalian heart muscle. Am J Physiol 212:339–344
206. Nayler WG, Poole Wilson PA, Williams A (1979) Hypoxia and calcium. J Mol Cell Cardiol 11:683–706
207. New W, Trautwein W (1972) Inward membrane currents in mammalian myocardium. Pfluegers Arch 334:1–23
208. Nicolaysen G (1970) Intravascular concentrations of calcium and magnesium ions and edema formation in isolated lungs. Acta Physiol Scand 81:325–329
209. Niedergerke R (1956) The potassium chloride contracture of the heart and its modification by calcium. Physiol 134:584–599
210. Olinger GN, Hottenrott C, Mulder DG, Maloney JV, Miller J, Patterson RW, Sullivan SF, Buckberg GD (1976) Acute clinical hypocalcemic myocardial depression during rapid blood transfusion and post-operative dialysis. J Thorac Cardiovasc Surg 72:503–511
211. Parmley WW, Tomoda H, Diamond G, Forrester JS, Crexells JN (1975) Dissociation between indices of pump performance and contractility in patients with coronary artery diesease and acute myocardial infarction. Chest 67:141–146
212. Parr DR, Winshurst JM, Harris EJ (1975) Calcium induced damage of rat heart mitochondria. Cardiovasc Res 9:366–372
213. Paulus WJ, Serizawa T, Grossman W (1982) Altered left ventricular diastolic properties during pacing induced ischemia in dogs with coronary stenoses: Potentiation by caffein. Circ Res 50:218–227
214. Pedersen KO (1970) Determination of calcium fractions in serum. II. Investigation of calcium ion activity and stability of important calcium complexes by an improved semi-micro method. Scand J Clin Lab Invest 25:199–208
215. Perkins CM (1978) Serious verapamil poisoning: Treatment with intravenous calcium gluconate. Br Med J 2:1127–1129
216. Pitt B, Sigishuta Y, Gregg DE (1969) Coronary hemodynamic effects of calcium in the unanesthetized dog. Am J Physiol 216:1456–1459
217. Pittinger CB (1970) Ionic calcium. CRC Crit Rev Clin Lab Sci 1:351–378
218. Porsius AJ, Van Zieten PA (1975) On the mechanisms of negative inotropic action of halothane and propanidid. Recent Adv Cardiac Struct Metab 5:413–414
219. Potts JT, Buckle RM, Sherwood LM, Ramberg CF, Mayer CP, Kronfeld DS, Deftos LJ, Care AD, Aurbach GD (1968) Control of secretion of parthyroid hormone. In: Talmage RV, Belanger LF (eds) Parathyroid and Thyrocalcitonin. Excerpta Medical Foundation, Amsterdam, pp 407–416
220. Pribram R (1871) Eine neue Methode zur Bestimmung des Kalkes und der Phosphorsäure in Blutserum. Ber Sachs Ges Wiss 23:279–281
221. Putman JM (1972) A routine method for determining plasma ionized calcium and its application in the study of congenital heart disease in children. Clin Chim Acta 37:33–41
222. Radde IC, Parkinson DK, Hoffken B, Appiah KE, Hanley WB (1972) Calcium ion activity in the sick neonate: Effect of bicarbonate administration and exchange transfusion. Pediatr Res 6:43–49
223. Rapoport A, Sepp AH, Brown WH (1960) Carcinoma of the parthyroid gland with pulmonary metastasis and cardiac death. Am J Med 28:443–445
224. Reuter H (1965) Über die Wirkung von Adrenalin auf den cellulären Umsatz des Meerschweinchenvorhofs. Naunyn Schmiedebergs Arch Pharmacol 251:401–412
225. Reuter H (1974) Exchange of calcium ions in the mammalian myocardium. Circ Res 34:559–606

226. Reuter H, Beeler GW (1969) Calcium current and activation of contraction in ventricular myocardial fibers. Science 163:399–401
227. Ringer S (1883) A further contribution regarding the influence of different constituents of blood on contractions of the heart. J Physiol 4:29–42
228. Ringer S (1883) A third contribution regarding the influence of the inorganic constituents of the blood on the contractions of the heart. J Physiol 4:228–225
229. Ringer S (1888) Cell adhesion and extracellular calcium. J Physiol 11:79–82
230. Rona P, Takahashi D (1911) Über das Verhalten des Calciums im Serum und über den Gehalt der Blutkörperchen an Calcium. Biochem Z 31:336–344
231. Rose B, Lowenstein WR (1975) Calcium ion distribution in cytoplasm visualized by aequorin diffusion in cytosol restricted by energized sequestering. Science 190:1204–1206
232. Ross JW (1967) Calcium-selective electrode with liquid ion exchanger. Science 156:1378–1380
233. Rubin RP (1974) The role of calcium in the release of neurotransmitter substances and hormones. Pharmacol Rev 22:389–428
234. Rumancik WM, Denlinger JK, Nahrwold ML, Falk RB (1978) The Q-T interval and serum ionized calcium. JAMA 240:366–368
235. Russell TJ, Thorn NA (1974) Calcium and stimulus-secretion coupling in the neurohypophysis. II. Effects of lanthanum, a verapamil analogue on ^{45}Ca transport and vasopressin release in isolated rat neurohypophysis. Acta Endocrinol (Copenh) 76:471–487
236. Sachs C, Bourdeau AM (1971) Ionized calcium measurements in whole blood. Rev Eur Etud Clin Biol 16:831–832
237. Sarnoff SJ, Mitchell JH, Gilmore JP, Remensnyder JP (1960) Homeometric autoregulation in the heart. Circ Res 8:1077–1091
238. Sarnoff SJ, Gilmore JP, Weisfeldt ML, Daggett WM, Mansfield PB (1965) Influence of norephine-phrine on myocardial oxygen consumption under hemodynamically controlled conditions. Am J Cardiol 16:217–226
239. Scheidegger D, Drop LJ (1979) The relationship between duration of Q-T interval and plasma ionized calcium concentration. Anesthesiology 51:143–148
240. Scheidegger D, Drop LJ (1980) Calcium ion concentration and beta adrenergic acitivity. J Thorac Cardiovasc Surg 80:441–446
241. Scheidegger D, Drop LJ, Laver MB (1977) Interaction between vasoactive drugs and plasma ionized calcium. Intensive Care Med 3:200
242. Scheidegger D, Drop LJ, Stulz PM, Laver MB, Lowenstein E (1977) Interaction between beta blockade and hypocalcemia. Intensive Care Med 3:203
243. Scheidegger D, Drop LJ, Schellenberg J-C (1980) Role of the systemic vasculature in the hemodynamic response to changes in plasma ionized calcium. Arch Surg 115:206–211
244. Schildberg FW, Fleckenstein A (1965) Die Bedeutung der extrazellulären Calciumkonzentration für die Spaltung von energiereichem Phosphat in ruhendem und tätigem Myokardgewebe. Pfluegers Arch 283:137–150
245. Schneider JA, Sperelakis N (1974) The demonstration of energy dependence of the isoproterenol induced transcellular calcium current in isolated perfused guinea pig hearts an explanation for mechanical failure of the ischemic myocardium. J Surg Res 16:389–403
246. Schroeder HG, Forbes AR (1969) Massive blood replacement in neonates and children. Br J Anaesth 41:953–960
247. Schwarz HD, McConville BC, Christopherson EF (1971) An ion-exchange electrode selective for calcium: Serum ionized calcium by specific ion electrode. Clin Chim Acta 31:97–107
248. Shackney S, Hasson J (1967) Precipitous fall in serum calcium, hypotension and acute renal failure after intravenous phosphate therapy for hypercalcemia. Ann Intern Med 66:906–915
249. Shen AC, Jennings RB (1972) Kinetics of calcium accumulation in acute myocardial ischemic injury. Am J Pathol 67:441–452
250. Siegel JH, Sonnenblick EH, Judge WD, Wilson WS (1964) The quantification of myocardial contractility in dog and man. Cardiologia 45:189–200
251. Smallwood RA (1967) Some effects of the intravenous administration of calcium in man. Aust Ann Med 16:126–131
252. Smith NT, Hurley EJ (1969) Citrate infusion in dogs following cardiac autotransplantation. Arch Surg 98:44–48

253. Smith PK, Winkler AW, Hoff HE (1939) Calcium and digitalis synergism. The toxicity of calcium salts injected into digitalized animals. Arch Intern Med 64:322–329
254. Smith RM (1968) Anesthesia for infants and children, 3rd edn. Mosby, St. Louis, p 431
255. Soffer A, Toribara T, Moore-Jones D, Weber D (1960) Clinical application and untoward reactions of chelators in cardiac arrhythmias. Arch Intern Med 106:824–830
256. Soffer A, Toribara T, Syman A (1961) Myocardial response to chelation. Br Heart J 23:690–694
257. Solaro RJ, Briggs FN (1974) Estimating the functional capabilities of the sarcoplasmic reticulum in cardiac muscle. Circ Res 34:531–540
258. Sonnenblick EH (1962) Force-velocity relations in mammalian heart muscle. Am J Physiol 202:931–939
259. Sonnenblick EH, Downing SE (1963) Afterload as a primary determinant of ventricular performance. Am J Physiol 204:604–610
260. Sonnenblick EH, Ross J, Covell JW, Kaiser GA, Braunwald E (1965) Velocity of contraction as a determinant of myocardial oxygen consumption. Am J Physiol 209:919–927
261. Sperelakis N, Schneider JA (1976) A metabolic control mechanism for calcium ion influx that may protect the ventricular myocardial cell. Am J Cardiol 37:1079–1085
262. Stanley TH, Isern Amaral J, Liu WS, Lunn JK, Gentry S (1976) Peripheral vascular versus direct cardiac effects of calcium. Anesthesiology 45:46–58
263. Steward DJ (1979) Manual of pediatric anesthesia. Churchill Livingstone, New York, pp 49, 292
264. Stulz PM, Scheidegger D, Drop LJ, Lowenstein E, Laver MB (1979) Ventricular pump performance during hypocalcemia. J Thorac Cardiovasc Surg 78:185–194
265. Surawicz B (1960) Use of the chelating agent EDTA in digitalis toxicity and cardiac arrhythmias. Prog Cardiovasc Dis 2:432–443
266. Surawicz B (1966) Role of electrolytes in etiology and management of cardiac arrhythmias. Prog Cardiovasc Dis 8:364–372
267. Surawicz B (1967) Arrhythmias and electrolyte disturbances. Bull N Y Acad Med 43:1160–1175
268. Surawicz B, McDonald MG, Kaljot V, Bettinger JC (1959) Treatment of cardiac arrhythmias with salts of ethylenediamine tetra-acetic acid. Am Heart J 58:493–503
269. Taylor B, Sibbald WJ, Edmonds MW, Holliday RL, Williams C (1978) Ionized hypocalcemia in critically ill patients with sepsis. Can J Surg 21:429–433
270. Tennant R, Wiggers CJ (1935) The effects of coronary occlusion on myocardial contraction. Am J Physiol 112:351–361
271. Tomlinson CW, Dhalla NS (1973) Excitation contraction coupling in heart. Changes in the intracellular structures of calcium in failing hearts due to lack of substrate and oxygen. Cardiovasc Res 7:470–476
272. Travis E, Witzel DA, Whipp SC (1968) Insulin: Evidence for inhibition of release in spontaneous hypocalcemia. Proc Soc Exp Biol 129:135–139
273. Trunkey D, Holcroft J, Carpenter MA (1976) Calcium flux during hemorrhagic shock in baboons. J Trauma 16:633–638
274. Trunkey D, Carpenter MA, Holcroft J (1978) Ionized calcium and magnesium: The effect of septic shock in the baboon. J Trauma 18:166–172
275. Troughton O, Singh SP (1972) Hearth failure and neonatal hypocalcemia. Br Med J 4:76–79
276. Tsang RC (1970) Neonatal hypocalcemia in low birth weight infants. Pediatrics 45:773–781
277. Tsang RC, Kleinman LI, Sutherland IM, Light IJ (1972) Hypocalcemia in infants of diabetic mothers. J Pediatr 80:384–395
278. Tsang RC, Chen I, Hayes W, Atkinson W, Atherton H, Edwards N (1974) Neonatal hypocalcemia in infants with birth asphyxia. J Pediatrics 84:824–833
279. Tschopp JM, Jung A, Miescher PA (1981) Suppresion d'une sévère hypercalcémie associée à une lymphome malin par l'administration intraveineuse de dichlormethylene diphosponate. Schweiz Med Wochenschr 111:1655–1657
280. Van Leeuwen AM, Van Eps LWS, Boen ST, Vroom RJ (1961) Hypotension accompanying ECG changes in two uremic patients with severe hypocalcemia. Am Heart J 61:264–271
281. Vasu MA, O'Keefe DD; Kapellakis GZ, Vezeridis MP, Jacobs ML, Daggett WM, Powell WJ (1978) Myocardial oxygen consumption: Effects of epinephrine, isoproterenol, norepinephrine, dopamine and dobutamine. Am J Physiol 235:H237–241
282. Wallace AG, Skinner NS, Mitchell JH (1963) Hemodynamic determinants of the maximal rate of rise of left ventricular pressure. Am J Physiol 205:30–36

283. Walter CW (1951) A new method for collection, storage and administration of unadulterated whole blood. Surg Forum 1:483–485

284. Watkins E (1953) Experimental citrate intoxication during massive transfusion. Surg Forum 4:213–219

285. Waugh WH (1962) Role of calcium in contractile excitation of vascular smooth muscle by epinephrine and potassium. Circ Res 11:927–940

286. Weber A, Herz R, Reis I (1963) On the mechanism of the relaxation effects of fragmented sarcoplasmic reticulum. J Gen Physiol 46:679–686

287. Weidmann P, Massry SG, Coburn JW, Maxwell MH, Atleson J, Kleeman CR (1972) Blood pressure effects of acute hypercalcemia. Ann Intern Med 76:741–745

288. Weir GC, Lesser PB, Drop LJ, Fischer JE, Warshaw AL (1975) The hypocalcemia of acute pancreatitis Ann Intern Med 83:185–189

289. Weisfeldt ML, Armstrong P, Scully HE (1974) Incomplete relaxation between beats after myocardial hypoxia and ischemia. J Clin Invest 53:1626–1636

290. Wende W, Bleifeld W, Meyer J, Stuhlen HW (1975) Reduction of the size of acute experimental myocardial infarction by verapamil. Basic Res Cardiol 70:198–208

291. Westhorpe RN, Varghese Z, Petrie A, Wills MR, Lumley J (1978) Changes in ionized calcium and other plasma constituents associated with cardiopulmonary bypass. Br J Anaesth 50:951–957

292. White RD, Goldsmith RS, Rodriguez R, Moffitt EA, Pluth JR (1976) Plasma ionic calcium levels following injection of chloride, gluconate and gluceptate salts of calcium. J Thorac Cardiovasc Surg 71:609–613

293. Wilbrandt W (1958) Zur Frage der Beziehung zwischen Digitalis und Kalziumwirkung. Wien Med Wochenschr 108:809–814

294. Willerson JT, Crie JS, Adcock RC, Templeton GH, Wildenthal K (1974) Influence of calcium on the inotropic action of hyperosmotic agents, norepinephrine, paired electrical stimulation and treppe. J Clin Invest 54:957–964

295. Winegrad S (1965) Autoradiographic study of intracellular calcium in frog skeletal muscle. J Gen Physiol 48:455–479

296. Wolff WI (1950) Cardiac resuscitation. JAMA 144:738–743

297. Wortsman J, Frank S (1981) The Q-T interval in clinical hypercalcemia. Clin Cardiol 4:87–90

298. Wylie WD, Churchill-Davidson HC (1972) A practice of anesthesia. Year Book Medical Publishers, Chicago, p 747

299. Yosowitz P, Ekland DA, Shaw RC, Parsons RW (1975) Peripheral intravenous infiltration necrosis. Ann Surg 182:553–556

300. Zimmerman ANE, Daems W, Hulsmann WC, Snijder J, Wisse E, Durrer D (1967) Morphological changes of heart muscle causes by successive perfusion with calcium free and calcium containing solutions (calcium paradox). Cardiovasc Res 1:201–209

301. Zsoter TT, Jacyk P, Wolchinsky C (1974) The effect of vasodilators on calcium kinetics in blood vessels. Arch Int Pharmacodyn Ther 212:328–336

Anaesthesiologie und Intensivmedizin

Anaesthesiology and
Intensive Care Medicine

vormals „Anaesthesiologie und Wiederbelebung"
begründet von R. Frey, F. Kern und O. Mayrhofer

Herausgeber: H. Bergmann (Schriftleiter),
J. B. Brückner, M. Gemperle, W. F. Henschel,
O. Mayrhofer, K. Meßmer, K. Peter

Band 142
Zentraleuropäischer Anaesthesiekongreß
Herz Kreislauf Atmung
Band 4
ZAK Innsbruck 1979: Freie Themen: Kontrollierte
Blutdrucksenkung, Anaesthesie bei Cardiochirurgie,
Haemodynamik, Atmung
Herausgeber: B. Haid, G. Mitterschiffthaler
1981. 263 Abbildungen, 51 Tabellen. XIV, 335 Seiten
DM 128,-. ISBN 3-540-10945-5

Band 143
Zentraleuropäischer Anaesthesiekongreß
Intensivmedizin – Notfallmedizin
Band 5
ZAK Innsbruck 1979: Hauptthema II: Anaesthesie
und Notfallmedizin. Hauptthema III: Grenzen der
Intensivmedizin. Freie Themen: Intensivmedizin,
Parenterale Ernährung und Volumenersatz, Säure-
Basen-Haushalt
Herausgeber: B. Haid, G. Mitterschiffthaler
1981. 269 Abbildungen, 95 Tabellen. XV, 373 Seiten
(13 Seiten in Englisch)
DM 148,-. ISBN 3-540-10946-3

Band 144
Spinal Opiate Analgesia
Experimental and Clinical Studies
Editors: T. L. Yaksh, H. Müller
1982. 55 figures, 54 tables. XII, 147 pages
DM 68,-. ISBN 3-540-11036-4

Band 145
J. Beyer, K. Messmer
Organdurchblutung und Sauerstoffversorgung bei PEEP
Tierexperimentelle Untersuchungen zur regionalen
Organdurchblutung und lokalen Sauerstoffversorgung
bei Beatmung mit positiv-endexspiratorischem Druck
1982. 17 Abbildungen, 18 Tabellen. X, 84 Seiten
DM 54,-. ISBN 3-540-11220-0

Band 147
L. Tonczar
Kardiopulmonale Wiederbelebung
1982. 44 Abbildungen, 15 Tabellen. 160 Seiten
DM 64,-. ISBN 3-540-11760-1

Band 148
Regionalanaesthesie
Ergebnisse des Zentraleuropäischen Anaesthesie-
kongresses Berlin 1981
Band 1
Herausgeber: J. B. Brückner
1982. 125 Abbildungen, 43 Tabellen. XIII, 215 Seiten
DM 83,-. ISBN 3-540-11744-X

Band 149
Inhalationsanaesthesie heute und morgen
Herausgeber: K. Peter, F. Jesch
Übersetzungen aus dem Englischen
von E. Mertens-Feldbausch
1982. 126 Abbildungen, 19 Tabellen. XII, 276 Seiten
DM 42,-. ISBN 3-540-11756-3

Band 150
Inhalation Anaesthesia Today and Tomorrow
Editors: K. Peter, F. Jesch
1982. 126 figures. 272 pages
DM 76,-. ISBN 3-540-11757-1

Band 151
H. Marquort
Kontraktionsdynamik des Herzens unter Anaesthetika und Beta-Blockade
Tierexperimentelle Untersuchungen
1983. 137 Abbildungen, 34 Tabellen. XVI, 202 Seiten
DM 62,-. ISBN 3-540-11745-8

Springer-Verlag
Berlin
Heidelberg
New York
Tokyo

Band 152
**Der Anaesthesist
in der Geburtshilfe**
Ergebnisse des Zentraleuropäischen Anaesthesie-
kongresses, Berlin 1981
Band 2
Herausgeber: J. B. Brückner
1982. 68 Abbildungen, 19 Tabellen. X, 184 Seiten
DM 46,-. ISBN 3-540-11831-4

Band 153
**Schmerzbehandlung –
Epidurale Opiatanalgesie**
Ergebnisse des Zentraleuropäischen Anaesthesie-
kongresses Berlin 1981
Band 3
Herausgeber: J. B. Brückner
1982. 90 Abbildungen, 50 Tabellen.
XII, 194 Seiten (24 Seiten in Englisch)
DM 74,-. ISBN 3-540-11830-6

Band 154
R. Larsen
Kontrollierte Hypotension
Durchblutung und Sauerstoffverbrauch des Gehirns
und des Herzens
1983. 20 Abbildungen, 19 Tabellen. VII, 88 Seiten
DM 35,-. ISBN 3-540-11921-3

Band 155
K. Inoue
**Vagaler Herztonus und
Herzfrequenz unter dem Einfluß
von Injektionsanaesthetika**
Eine Studie an narkotisierten Katzen
1983. 11 Abbildungen, 3 Tabellen. IX, 39 Seiten
DM 24,-. ISBN 3-540-12031-9

Band 156
Hämodynamisches Monitoring
Workshop Erbach 14. Mai 1982
Herausgeber: F. Jesch, K. Peter
1983. 97 Abbildungen, 20 Tabellen. VI, 170 Seiten
DM 62,-. ISBN 3-540-12093-9

Band 157
Kinderanaesthesie
Prämedikation – Narkoseausleitung
Ergebnisse des Zentraleuropäischen Anaesthesie-
kongresses Berlin 1981
Band 4
Herausgeber: J. B. Brückner
1983. 162 Abbildungen, 75 Tabellen. XIII, 275 Seiten
DM 108,-. ISBN 3-540-12153-6

Band 158
**Neue Aspekte
in der Regionalanaesthesie 3**
Plexus-, Epiduralanaesthesie: Technik und Komplika-
tionen
Opiate epidural/intrathekal
Herausgeber: H. J. Wüst, M. D'Arcy Stanton-Hicks,
M. Zindler
1984. 113 Abbildungen, 67 Tabellen. XV, 250 Seiten.
DM 98,-. ISBN 3-540-13023-3

Band 160
H. Goslinga
Blood Viscosity and Shock
The Role of Hemodilution, Hemoconcentration and
Defibrination
1984. 79 Figures, 3 tables. Approx. 216 pages
DM 78,-. ISBN 3-540-12620-1

Band 162
G. Meuret
**Pharmakotherapie
in der Reanimation
nach Herz-Kreislauf-Stillstand**
Untersuchungen an Hunden und an isolierten
Meerschweinchenherzen
1984. 55 Abbildungen, 10 Tabellen. XVII, 116 Seiten
DM 78,-. ISBN 3-540-12978-2

Band 164
Das Berufsbild des Anaesthesisten
Herausgeber: J. B. Brückner, P. Uter
1984. 21 Abbildungen, 25 Tabellen. Etwa 195 Seiten
ISBN 3-540-13467-0

Band 167
**Intensive Care and
Emergency Medicine**
4th International Symposium
Editor: J. L. Vincent
1984. 21 figures, 18 tables. XIII, 190 pages
DM 52,-. ISBN 3-540-13412-3

Springer-Verlag
Berlin
Heidelberg
New York
Tokyo